水稻
抗旱性鉴定指标、
评价方法及其应用研究

◎ 张 鸿 著

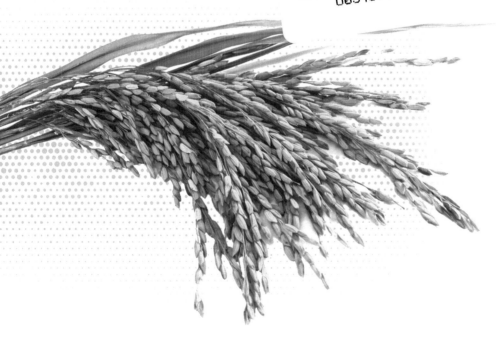

中国农业科学技术出版社

图书在版编目(CIP)数据

水稻抗旱性鉴定指标、评价方法及其应用研究／张鸿著. --北京：
中国农业科学技术出版社，2024.3
ISBN 978-7-5116-6723-6

Ⅰ.①水… Ⅱ.①张… Ⅲ.①水稻栽培-抗旱-研究 Ⅳ.①S511

中国国家版本馆 CIP 数据核字(2024)第 053500 号

责任编辑	周丽丽
责任校对	王 彦
责任印制	姜义伟 王思文

出 版 者	中国农业科学技术出版社
	北京市中关村南大街 12 号　邮编：100081
电 话	(010) 82106638 (编辑室)　(010) 82106624 (发行部)
	(010) 82109709 (读者服务部)
网 址	https://castp.caas.cn
经 销 者	各地新华书店
印 刷 者	北京建宏印刷有限公司
开 本	170 mm×240 mm　1/16
印 张	11.75
字 数	220 千字
版 次	2024 年 3 月第 1 版　2024 年 3 月第 1 次印刷
定 价	68.00 元

前　言

　　水稻（*Oryza sativa* L.）是我国乃至世界重要的粮食作物之一，全球近一半的人口以稻米为主食。统计显示，2022 年全国水稻播种面积达 2 945 万 hm²，占粮食作物播种面积的 24.89%，产量占比超过 30%。我国水稻常年播种面积占全世界的 20% 左右，居世界第二位，总产量排名第一。在生产实际中，雨季时空分布不均等因素造成区域性干旱、缺水，尤其在关键生育期水分亏缺对水稻生产影响巨大，往往会造成产量和品质严重下降。实践表明，干旱已成为阻碍水稻生产的首要非生物胁迫因素之一。因此，水稻生产需要提高水资源利用效率、增强水稻抗旱能力、提高稻谷生产潜力。深入开展水稻节水抗旱研究十分迫切，其中，最有效的途径就是水稻抗旱品种培育和利用布局，这就需要进行水稻抗旱性的精准鉴定和科学评价。

　　由于水稻抗旱性是多基因控制的、复杂的数量性状，具有丰富的遗传背景和复杂的分子机理。遗传因素和外界环境的共同作用决定着水稻抗旱性并导致其抗旱机制呈现出差异，在不同品种、不同材料、不同生育时期均表现出不同的抗旱能力。以往研究提出的水稻抗旱性鉴定指标很多，但与抗旱性关系还不十分清楚，因而难以建立起水稻抗旱性鉴定指标体系，加之抗旱性评价方法不尽合理，导致水稻抗旱性鉴定准确性、稳定性和简便性不够，从而影响了抗旱育种的效率和抗旱品种有效利用。本书的试验研究以水稻育种材料、育种亲本、组合品系、主推品种等系列材料为对象，在芽期、苗期、分蘖期、穗分化期及全生育期，在实验室、盆栽、大田等多种试验环境开展干旱胁迫，测定了形态、生长、生理、产量等多类指标，运用了关联分析、隶属函数分析、主成分分析、聚类分析等多种分析方法，重点开展了抗旱相关研究。研究结果明确了水稻不同关键生育时期干旱对水稻的胁迫效应，筛选并初步建立了不同生育期抗旱性鉴定指标体系；研究了抗旱性鉴定评价新方法，改进并提出了新的综合评价指标——分级系数；筛选了抗旱材料并建立了抗旱性预测模型，为水稻节水抗旱品种选育和节水抗旱耕作栽培提供了理论与实践依据。

　　本书在试验研究和撰写过程中，得到了四川农业大学杨文钰教授、四川省农业科学院任光俊研究员的悉心指导，以及四川农业大学任万军教授、王西瑶教授、袁继超教授、马均教授、樊高琼教授、刘卫国教授、雍太文教授、王小春教授、魏育明教授等老师的指导和帮助；四川省农业科学院郑林用研究员、陆贤军研究员、高方远研究员、李其勇副研究员、朱从桦副研究员、康海歧研究员、魏会廷副研究员、熊洪研究员、郑家国研究员、陈尚洪研究员、李旭毅研究员、杨勤副研究员、池忠志副研究员、王平研究员、何文铸研究员、李星月研究员、姜心禄农艺师、曹小林博士、万燕博士等给予了支持和帮助，在此表示衷心的感谢！同时，向中国农业科学技术出版社对本书审校和出版工作的大力支持表示诚挚谢意。

由于著者水平有限，加之水稻抗旱性的复杂性，书中不妥之处在所难免，恳请广大读者批评指正。

著　者

2023 年 12 月

内容提要

干旱已成为阻碍水稻生产的首要非生物胁迫因素，开展水稻节水抗旱意义重大。其中，最有效的途径就是水稻抗旱品种培育和利用布局，这就需要进行水稻抗旱性的精准鉴定和科学评价。本研究开展了水稻川香29B近等基因导入系（NIILs）和主推品种芽期在5%、10%、15%、20%浓度PEG模拟干旱鉴定试验，川香29B NIILs苗期反复干旱胁迫试验，主推品种分蘖期和穗分化期大田抗旱性鉴定试验，川香29B NIILs、育种亲本、杂交稻组合和主推品种全生育期（移栽返青至收获）在不同干旱胁迫下控制性盆栽试验，通过多指标测定，明确了干旱对水稻的胁迫效应并初步建立了抗旱性鉴定指标体系，研究了抗旱性鉴定评价新方法，筛选了抗旱材料并建立了抗旱性预测模型。主要研究结果如下。

1 水稻抗旱性鉴定指标筛选与指标体系构建

第一，水稻芽期抗旱性鉴定指标筛选与分级。15%～20%PEG浓度干旱胁迫显著降低了最长根长、根系活力、根数、根干重、芽长、芽干重，种子萌发抗旱系数、发芽指数、活力指数、储藏物质转化率，α-淀粉酶活性、生长素（IAA）、细胞分裂素（CTK）、赤霉素（GA）含量；显著增加了剩余种子干重，提高了过氧化物酶（POD）、过氧化氢酶（CAT）、总淀粉酶、β-淀粉酶活性和可溶性糖、脯氨酸、可溶性蛋白、丙二醛（MDA）、脱落酸（ABA）、乙烯（ETH）含量。主成分分析表明，决定第一主成分的主要指标为储藏物质转化率、发芽势、活力指数、芽长、芽干重、萌发抗旱系数、发芽率、发芽指数等。相关分析表明，川香29B NIILs芽期隶属函数综合值与发芽势、剩余种子干重、可溶性蛋白质含量显著负相关，与POD显著正相关，但与发芽率关系不显著；主推品种芽期隶属综合值与发芽势、发芽率、发芽指数、活力指数、萌发抗旱系数、芽长、最长根长、芽干重、根干重、储藏物质转化率、幼苗相对含水量、α-淀粉酶、总淀粉酶、β-淀粉酶显著正相关，与脯氨酸显著负相关。综上，储藏物质转化率反映了种子萌发阶段物质转化利用状况，可以作为芽期抗旱鉴定一级指标；芽长、最长根长、芽干重、萌发抗旱系数、活力指数、发芽指数和隶属函数综合值可作为二级指标；可溶性蛋白质含量、POD、β-淀粉酶等生理指标可作为三级指标。

第二，水稻苗期抗旱性鉴定指标筛选与分级。干旱胁迫降低了幼苗干旱存活率、地上部干物质积累量，SPAD 值、叶绿素 a、叶绿素 b 和可溶性糖、氨基酸、维生素 C（Vc）以及 IAA、CTK、GA 含量；增加了根系干重、根冠比和可溶性蛋白、脯氨酸、MDA 含量，提高了 POD、超氧化物歧化酶（SOD）、CAT、吡咯啉-5-羧酸合成酶以及 ABA、ETH 含量。隶属函数分析表明，CAT、根表面积、叶绿素 b、脯氨酸脱氢酶所占权重较高。相关分析表明，与反复干旱存活率显著相关的指标有根表面积、根粗、可溶性糖、ABA、POD；与隶属综合值显著相关的有根表面积、可溶性糖、CTK；反复干旱存活率与隶属函数综合值显著正相关（$r = 0.886^*$）。反复干旱存活率已被大家广泛用于苗期鉴定，因此，反复干旱存活率可作为苗期抗旱性鉴定的一级指标；根表面积、根粗和隶属函数综合值可作为二级指标；可溶性糖、POD、CAT、ABA 含量等生理指标可作为三级指标。

第三，水稻分蘗期和穗分化期抗旱性鉴定指标筛选与分级。有效穗在分蘗期干旱下增加，在穗分化期干旱下降低；穗总粒数则与之相反。结实率、千粒重和发根力在两个时期均降低，粒叶比和伤流量则均增加，千粒重对干旱胁迫最不敏感，发根力变异度大于伤流量。主成分分析表明，决定分蘗期主要因子的指标有粒叶比、有效穗、穗总粒数、叶面积指数，穗分化期的有粒叶比、结实率、叶面积指数和穗总粒数。分蘗期与产量抗旱指数显著相关的指标有产量、千粒重；穗分化期与之显著相关的有产量、粒叶比。产量抗旱指数同时考虑了材料对环境的敏感性和旱地产量潜力，已被公认作为水稻中后期和全生育期的一级指标。因此，产量抗旱指数可作为分蘗期和穗分化期抗旱性评价的一级指标；产量和粒叶比可作为二级指标；发根力可作为三级指标。

第四，水稻全生育期抗旱性鉴定指标筛选与分级。干旱胁迫降低了叶片净光合速率、水分利用效率、穗颈节长、一次枝梗数、穗总粒数、穗实粒数、结实率、穗实粒重、千粒重等。与川香 29B NIILs 产量抗旱指数显著相关的有收获指数、水分利用效率、产量、有效穗、结实率和隶属函数综合值；与杂交稻组合产量抗旱指数显著相关的有穗实粒数、穗总粒重、穗实粒重、结实率、产量和隶属函数综合值。通径分析表明，穗实粒重是第一正向因子，其次是穗总粒重、穗实粒数和有效穗，千粒重为负向直接作用。因此，产量抗旱指数可作为全生育期抗旱性评价的一级指标；产量、结实率、穗实粒数、穗实粒重、穗总粒重、收获指数和隶属函数综合值作为二级指标；净光合速率和水分利用效率等生理指标作为三级指标。

2 水稻抗旱性评价方法研究

第一，多梯度干旱胁迫下抗旱性综合评价方法。以多梯度量化控水条件下各性状的抗旱指数（DI）作图，将材料（品种）某一性状在各梯度的 DI 点与横坐标构成的曲线下面积（AUC）视为其对土壤水分条件变化响应的综合效应。结果表明，采用多梯度多性状 AUC 积、多梯度多性状 AUC 对数、多梯度多性状 AUC 隶属综合值进行抗旱性综合评价，Ⅱ-32B、Bala、R17739-1 抗旱性较强，而 IR64（国际公认的水分敏感品种）抗旱性最弱，评价结果与实际较为相符。多梯度评价方法包含更多的抗旱响应信息，解决了单梯度最适胁迫程度不易确定的难题。

第二，引入区试数据抗旱性评价方法。在抗旱性评价中，一般要设置正常水分和干旱胁迫处理。本研究引入了品种区试数据视作抗旱性鉴定中正常水分的值，结果表明，干旱胁迫/正常水分和干旱胁迫/区试下的产量抗旱系数、产量抗旱指数、隶属函数综合值高度正相关，偏相关系数分别为 0.970**、0.994**、0.926**。以此来评价 20 个主推品种抗旱性，二者在 3 个指标下的评价结果基本一致，其中，品种抗旱性排序完全一致的吻合度超过 40%，抗旱性排名前 5 和后 5 的吻合度超过 80%，这在不同抗旱性评价方法的比较中显示了较高的吻合度。可见，设置适宜的干旱胁迫，并以区试数据为对照进行品种抗旱性评价具备可行性。

3 水稻抗旱性鉴定指标和方法的应用

第一，水稻材料（品种）的抗旱性筛选。在育种材料上，通过综合聚类分析，5818 和 5819 的抗旱性较强，可作为抗旱性育种材料加以利用。在水稻亲本上，运用本研究提出的多梯度抗旱性评价方法，R17739-1、Bala 和 Ⅱ-32B 抗旱性较强。在杂交稻组合上，沪旱 7A/成旱恢 30241、沪旱 7A/成恢 177、沪旱 7A/成旱恢 30248 等抗旱性较强。在主推品种上，通过芽期抗旱鉴定筛选出抗旱性较强的品种有川优 6203、冈优 99、内 6 优 138 等；在分蘖期和穗分化期抗旱鉴定中，内香 2550、内香 2128 和宜香 1108、乐丰优 329 等具有较强的抗旱性；在全生育期抗旱鉴定中，川香 9838、川农优 527、德香 4103 等的抗旱性较强，这些抗旱品种可在品种布局时加以利用。

第二，水稻抗旱性预测。通过逐步回归建立了多个时期抗旱性预测方程，拟合度高，在应用时可以测定少数几个指标来评价水稻材料（品种）的抗旱性。芽期预测指标主要包括芽长、根芽比、活力指数、储藏物质转化率、MDA 等；苗期包括总根长、根表面积、POD、ABA、GA 等；分蘖期和穗分化期主要包括产量、穗总粒数、有效穗、结实率、千粒重等；全生育期预测指标包括有效穗、穗总粒数、穗实粒数、千粒重、生物产量和收获指数等。运用主推品种全生育期盆栽干旱胁迫试验预测方程 $Y_{\text{WGS-YDId}/w} = -1.74 - 0.99X_5 + 1.58X_6 + 1.63X_{14} + 0.97X_{15}$ 对川香 29B NIILs 的抗旱性进行预测验证。结果表明，在有效干旱胁迫（中度）下，预测值与实测值显著正相关（$r = 0.946^{**}$），完全吻合度达到 66.7% ~ 100%，预测显示，5818、5819 的抗旱性高于其他材料，与抗旱鉴定结果一致，预测效果良好。

英文缩略表

英文缩写 Abbreviation	英文全称 Full name in English	中文名称 Name in Chinese
AA	Amino acid	氨基酸
ACR	Accumulative contribution rate	累计贡献率
ASA	Ascorbic acid	抗坏血酸
ASA-POD	Ascorbate peroxidase	抗坏血酸过氧化物酶
AUC	Area under curve	曲线下面积
BDW	Bud dry weight	芽干重
BI	Bud index	发芽指数
BL	Bud length	芽长
BY	Biological yield	生物产量
BYP	Biological yield per plant	单株生物产量
BYWUE	Water use efficiency of biological yield	生物产量水分利用效率
Car	Carotenoid	类胡萝卜素
CAT	Catalase	过氧化氢酶
CC	Cross combination	杂交稻组合
Char-V	Characteristic value	特征值
Chl-a	Chlorophyll-a	叶绿素 a
Chl-b	Chlorophyll-b	叶绿素 b
CR	Contribution rate	贡献率
CTK	Cytokinin	细胞分裂素
CV	Coefficient of variation	变异系数
DC	Drought resistance coefficient	抗旱系数
DI	Drought resistance index	抗旱指数
DVI	Drought variability index	干旱变异系数
EP	Effective panicle	有效穗
ETH	Ethylene	乙烯
EY	Economic yield	经济产量
EYWUE	Water use efficiency of economic yield	经济产量水分利用效率

（续表）

英文缩写 Abbreviation	英文全称 Full name in English	中文名称 Name in Chinese
FAA	Free amino acid	游离氨基酸
FGP	Filled grains per panicle	穗实粒数
FGWP	Filled grain weight per panicle	穗实粒重
FMC	Field moisture capacity	田间持水量
GA	Gibberellin	赤霉素
GIDC	Drought coefficient of germination index	萌发抗旱系数
GI	Germination index	萌发指数
GL	Grain length	谷粒长
GL/W	Grain length/width ratio	谷粒长宽比
G/L	Grain leaf ratio	粒叶比
GP	Germination potential	发芽势
GR	Germination rate	发芽率
GS	Germination stage	芽期
GSH	Reduced glutathione	还原型谷胱甘肽
GSHR	Glutathione reductase	谷胱甘肽还原酶
GV	Grading value	分级值
GC	Grading coefficient	分级系数
GW	Grain width	谷粒宽
HI	Harvest index	收获指数
HS	Heading stage	齐穗期
IAA	Auxin	生长素
KGW	1000-grain weight	千粒重
LA	Leaf area	叶面积
LAI	Leaf area index	叶面积指数
MDA	Malondialdehyde	丙二醛
MFAV	Membership function average value	隶属函数平均值
MFSV	Membership function synthesis value	隶属函数综合值
MFV	Membership function value	隶属函数值
MRL	Maximum root length	最长根长

英文缩写 Abbreviation	英文全称 Full name in English	中文名称 Name in Chinese
MT	Maximum tillering	最高分蘖
NIILs	Near-isogenic introgression lines	近等基因导入系
NILs	Near-isogenic lines	近等基因系
PBNP	The primary branches number per panicle	穗一次枝梗数
NPNL	Neck-panicle node length	穗颈节长
NPR	Net photosynthesis rate	净光合速率
P5CS	Pyrroline-5-carboxylate synthetase	吡咯啉-5-羧酸合成酶
PCASV	Principal component analysis synthesis value	主成分综合值
PCF	Principal component factor	主成分因子
PEG	Polyethylene glycol	聚乙二醇
PH	Plant height	株高
PIS	Panicle initiation stage	穗分化期
PL	Panicle length	穗长
PM	Parent material	亲本材料
POD	Peroxidase	过氧化物酶
Pro	Proline	脯氨酸
ProDH	Proline dehydrogenase	脯氨酸脱氢酶
RA	Root activity	根系活力
RSA	Root surface area	根表面积
RSDW	Residual seed dry weight	剩余种子干重
RSR	Root-shoot ratio	根芽比
RT	Root thickness	根粗
RV	Root volume	根体积
SD	Standard deviation	标准差
SMCR	Storage material conversion rate	储藏物质转化率
SOD	Superoxide dismutase	超氧化物歧化酶
SPAD	Chlorophyll relative content	叶绿素相对含量
SPC	Soluble protein content	可溶性蛋白质含量
SRWC	Seedling relative water content	幼苗相对含水量

（续表）

英文缩写 Abbreviation	英文全称 Full name in English	中文名称 Name in Chinese
SS	Seedling stage	苗期
SSR	Seed setting rate	结实率
SSu	Soluble sugar	可溶性糖
TGP	Total grains per panicle	穗总粒数
TGWP	Total grains weight per panicle	穗总粒重
TRL	Total root length	总根长
TS	Tillering stage	分蘖期
UGP	Unfilled grains per panicle	穗秕粒数
UGWP	Unfilled grain weight per panicle	穗秕粒重
Vc	Vitamin C	维生素 C
VI	Vitality index	活力指数
VRT	Variety regional test	品种区试
WC	Weight coefficient	权重系数
WGS	Whole growth stage	全生育期
WUE	Water use efficiency	水分利用效率
YDC	Yield drought coefficient	产量抗旱系数
YDI	Yield drought index	产量抗旱指数
α-AA	α-amylase	α-淀粉酶
β-AA	β-amylase	β-淀粉酶
δ-OAT	Ornithine aminotransferase	鸟氨酸转氨酶

目　　录

1 引言 ……………………………………………………………… 1
  1.1 本研究目的意义 ……………………………………………… 1
  1.2 国内外研究现状 ……………………………………………… 2
    1.2.1 水资源现状与稻作生产 ………………………………… 2
    1.2.2 干旱对水稻的影响 ……………………………………… 3
    1.2.3 水稻抗旱机理 …………………………………………… 5
    1.2.4 抗旱性鉴定方法与鉴定指标 …………………………… 7
    1.2.5 水稻抗旱性评价及预测 ………………………………… 9
  1.3 本研究的切入点及拟解决的关键问题 …………………… 11
2 材料与方法 ……………………………………………………… 13
  2.1 供试材料与试验设计 ……………………………………… 13
    2.1.1 川香29B近等基因导入系芽期、苗期和全生育期干旱
         胁迫试验 ………………………………………………… 13
    2.1.2 水稻亲本全生育期干旱胁迫试验 ……………………… 15
    2.1.3 杂交稻组合全生育期干旱胁迫试验 …………………… 15
    2.1.4 主推品种芽期干旱胁迫试验 …………………………… 16
    2.1.5 主推品种分蘖期和穗分化期干旱胁迫试验 ………… 17
    2.1.6 主推品种全生育期干旱胁迫试验 …………………… 18
  2.2 测定项目与方法 …………………………………………… 20
    2.2.1 萌发指标 ……………………………………………… 20
    2.2.2 形态指标 ……………………………………………… 20
    2.2.3 生长发育指标 ………………………………………… 21
    2.2.4 生理生化指标 ………………………………………… 21
    2.2.5 激素指标 ……………………………………………… 22
    2.2.6 穗部性状与谷粒性状 ………………………………… 22
    2.2.7 产量性状 ……………………………………………… 22
  2.3 参数计算 …………………………………………………… 22
  2.4 数据处理与分析 …………………………………………… 23
    2.4.1 隶属函数综合分析法 ………………………………… 23
    2.4.2 主成分分析法 ………………………………………… 23

3 水稻抗旱性鉴定指标筛选与体系建立 ················ 25

  3.1 不同时期抗旱性鉴定指标的干旱胁迫效应 ············ 25

    3.1.1 水稻芽期抗旱性鉴定指标的干旱胁迫效应 ·········· 25

    3.1.2 水稻苗期抗旱性鉴定指标的干旱胁迫效应 ·········· 35

    3.1.3 水稻分蘖期和穗分化期抗旱性鉴定指标的干旱胁迫效应 ····· 43

    3.1.4 水稻全生育期干旱下鉴定指标的干旱胁迫效应 ········ 48

  3.2 抗旱性鉴定指标的综合分析 ················ 56

    3.2.1 芽期抗旱性鉴定指标的综合分析 ·········· 56

    3.2.2 苗期抗旱性鉴定指标的综合分析 ·········· 62

    3.2.3 分蘖期和穗分化期抗旱性鉴定指标的综合分析 ······· 64

    3.2.4 全生育期抗旱性鉴定指标的综合分析 ········· 67

  3.3 水稻抗旱性鉴定指标筛选 ················ 72

    3.3.1 水稻芽期抗旱性鉴定指标筛选 ··········· 72

    3.3.2 水稻苗期抗旱性鉴定指标筛选 ··········· 78

    3.3.3 分蘖期和穗分化期抗旱性鉴定指标筛选 ········ 80

    3.3.4 全生育期抗旱性鉴定指标筛选 ··········· 82

    3.3.5 水稻抗旱性鉴定指标体系的初步构建 ········· 85

4 水稻抗旱性评价方法研究 ··············· 90

  4.1 多梯度干旱胁迫下抗旱性评价方法研究 ·········· 90

    4.1.1 多梯度干旱胁迫对单株产量及其构成性状的影响 ······ 91

    4.1.2 产量构成性状及其抗旱指数 ··········· 91

    4.1.3 水分利用效率及其抗旱指数 ··········· 93

    4.1.4 多梯度抗旱性评价方法的比较与分析 ········· 93

  4.2 引入区试数据抗旱性评价方法研究 ··········· 99

    4.2.1 干旱胁迫对水稻农艺性状的影响与比较分析 ······· 100

    4.2.2 不同水分条件下水稻性状的偏相关性分析 ········ 104

    4.2.3 不同抗旱性鉴定综合指标的比较 ·········· 105

5 抗旱性鉴定指标和方法的应用 ············· 109

  5.1 水稻抗旱材料（品种）的聚类分析与筛选 ········· 109

    5.1.1 川香 29B NIILs 抗旱性筛选 ··········· 109

    5.1.2 水稻亲本的抗旱性筛选 ············ 111

    5.1.3 杂交稻组合的抗旱性筛选 ··········· 112

    5.1.4 生产主推品种的抗旱性筛选 ··········· 112

5.2 水稻不同生育时期的抗旱性预测研究 ·················· 115

5.2.1 水稻芽期干旱下的抗旱性预测 ·················· 115

5.2.2 水稻苗期干旱下的抗旱性预测 ·················· 116

5.2.3 水稻分蘖期和穗分化期干旱下的抗旱性预测 ······· 117

5.2.4 水稻全生育期干旱下的抗旱性预测 ··············· 117

6 讨论与结论 ······································· 121

6.1 讨论 ··· 121

6.1.1 关于水稻抗旱机理与抗旱性鉴定指标的筛选 ······· 121

6.1.2 关于水稻抗旱性鉴定评价方法应用与创新 ········· 125

6.1.3 关于水稻不同生育时期抗旱性的关系 ············· 128

6.2 结论 ··· 130

6.2.1 筛选抗旱性鉴定指标并初步建立鉴定指标体系 ····· 130

6.2.2 多梯度抗旱性综合评价方法明显优于单梯度评价方法 ··· 130

6.2.3 引入区试数据抗旱性评价方法具备可行性 ········· 131

6.2.4 水稻育种材料（品种）抗旱性筛选 ·············· 131

6.2.5 建立水稻不同时期的抗旱性预测模型 ············· 132

6.3 创新点 ······································· 133

6.4 展望 ··· 134

参考文献 ·· 136

附表 ·· 151

1 引言

1.1 本研究目的意义

水稻（*Oryza sativa* L.）是我国乃至世界重要的粮食作物，全球近一半的人口以稻米为主食。水稻种植遍布世界各地，我国水稻播种面积占世界的 20%以上，居世界第二位，单产居世界前列，总产量全球排名第一，约占全球的 1/3（刘永巍等，2015）。根据《四川新增 50 亿 kg 粮食生产能力建设规划纲要》，水稻、玉米、小麦和马铃薯分别承担 17.5 亿 kg、22.5 亿 kg、2.5 亿 kg 和 7.5 亿 kg 的份额，水稻在四川新增 50 亿 kg 粮食生产能力中扮演重要角色。可见，水稻产业持续发展，对保障粮食安全、提高人们生活质量和缓解环境压力具有重大战略意义。

干旱已经成为阻碍中国乃至全球水稻生产的首要非生物胁迫（Beáta et al.，2008），我国与美国、澳大利亚、英国和日本等国对此已经高度关注（钱正安等，2017）。过去 100 年间全球增温达到 $0.56 \sim 0.92$ ℃，极端天气频现，区域性旱灾加重，可用灌溉水资源减少等情况都不利于水稻生产（邓忠等，2016；武建军等，2017；李钥，2015；Moffat et al.，2002；Zhang，2007）。水稻生长季降雨不足，雨季分布极不均匀，季节性和地区性干旱加重，部分地区受旱减产超过其他不利因素减产的总和，受旱后稻谷产量和品质严重下降（张建平等，2015）。因此，水稻生产中需要全面缓解用水短缺，提高水资源利用效率，增强水稻抗旱能力，提高稻谷生产潜力，深入开展水稻节水抗旱研究十分迫切。

我国农业生产中，水稻是耗水量最大的作物，其用水量占到农业用水量的 70%左右。水稻节水抗旱潜力巨大（王西琴等，2016；陈洪斌，2017），有望通过品种培育（符冠富等，2011；陶龙兴等，2009）、耐旱生理机制（段素梅等，2014；张小丽等，2011）、耐旱基因克隆（周立国，2010；叶盛等，2011）、水稻抗旱性鉴定（谢建坤等，2010；敬礼恒，2013a；于艳敏等，2015）和节水耕作栽培技术（陈伟等，2012；夏扬等，2009）等方面的研究得到进一步提升。围绕提高水稻节水抗旱能力，从解析干旱发生规律（尹晗等，2013；李玥，2015）、水稻生长季干旱时空分布特征（刘琰琰等，2016；张建平等，2015）、水稻关键生育期抗旱性评估（陈东东等，

2017；马欣等，2012）、气象灾害发生与监测（庞艳梅等，2015；王利民等，2008）着手，同时培育抗旱品种从源头提高水稻抗旱性，根据品种抗旱性强弱合理布局，优化水分管理技术，可以最大程度地提高水资源利用效率，将高产稳产、节约水资源和减少环境污染协调统一。

水稻抗旱性是由多基因控制的、复杂的数量性状，具有丰富的遗传背景和复杂的分子机理（Luo et al.，2010；Pantuwan et al.，2002）；受自身遗传因素和外界环境因素的双重影响，不同水稻品种抗旱机制存在差异，甚至同一品种或材料在不同的干旱胁迫下或不同的生育阶段，其抗旱机制也有较大差异（蔡一霞等，2006a；谢建坤等，2010；张安宁等，2008；王贺正等，2007a；敬礼恒，2013a；于艳敏等，2015），这给抗旱性准确鉴定带来了困难。为此我们期望通过对水稻育种材料、育种亲本、组合品系、主推品种等系列材料进行抗旱性鉴定，筛选有效的抗旱性鉴定指标，初步建立抗旱性鉴定指标体系，筛选出抗旱性较强的材料或品种，为水稻节水抗旱品种选育和节水抗旱耕作栽培提供理论与实践依据。

1.2 国内外研究现状

1.2.1 水资源现状与稻作生产

我国人均水资源仅为 2 477 m³，是世界人均占有量的25%，其中农业水资源非常紧缺，作物高产与水资源缺乏的矛盾十分突出（邱福林等，2000；杨博等，2016）。我国年降雨偏少，年降水量平均为 630 mm，比全球平均水平低20%；水资源时空分布极不均匀（王瑗等，2008；宋先松等，2005；尹上岗等，2017）；国内多条河流的径流量逐年缩小，导致地区性水资源短缺问题突出；水污染又加剧水资源短缺矛盾，符合农田灌溉标准的河水少于90%，还有将近75%的湖泊被污染。我国年均用水总量为 5 000 亿 m³，农业用水约占总用水量的70%，而发达国家比例约为50%。据统计，我国农业灌溉水的有效利用系数均值为 0.4，而发达国家为 0.7~0.8；农作物水分生产效率低于 2.0 kg/m³ 的水平，而发达国家接近 4.0 kg/m³。可见，我国农业用水量很大，水分利用效率不高。

目前，我国水稻生产依然大面积采用淹水灌溉，节水灌溉面积占比约为水稻总面积的1/3。南方地区降水比较充沛，降雨季节和降水区域分布不均匀还是会引发季节性或区域性干旱。以四川为例，年降水量约为 1 000 mm，人均水资源量为 3 040 m³，水资源的区域分布差异大，甘孜藏族自治州、阿坝藏族羌族自治州、凉山彝族自治州三州拥有全省水资源量的 60%，而占全省人口 90% 的盆地拥有的水资源量仅为 40%，水资源地域分布与工农业生产布局不匹配加剧四川的缺水矛盾；盆地丘陵区是缺水最严重的地区，该区耕地占全省耕地面积的 57.8%，人口占全省总人口的 60.4%，而人均水资源量为 940 m³，为全省人均水资源量的 30.9%，约为全国人均水资源量的 40%，不到世界人均水平的 10%。此外，降雨季节和降水量分配差异也较大，全年春季为 15%～20%、夏季为 50%～60%、秋季为 20%～25%、冬季约为 5%，表现为冬春降雨稀少、夏季雨水集中、旱涝交替出现（罗怀良，2003）。因此，开展水稻节水抗旱研究既能保障粮食生产，又能高效利用农业水资源。

1.2.2 干旱对水稻的影响

干旱胁迫下，水稻根系吸水量少于失水量，势必导致细胞水势和膨压降低，水分平衡遭到破坏，叶片萎蔫，茎的幼嫩部分下垂，最终导致水稻生长受到抑制；土壤干旱导致稻株处于缺水环境，细胞分裂和细胞扩张减弱，根系生长、新叶出生、叶片生长、分蘖发生、株高伸长和地上干物质积累明显被抑制（Gowda et al., 2011）。水稻干旱胁迫初始阶段，叶尖白天萎蔫下垂，过夜便能复原；随着干旱胁迫加剧，稻叶严重枯萎且不会复原，最后逐渐变成黄褐色直至死亡（周广生，2006）。不同生育阶段的水稻受旱表现不同，水稻生产是否会遭到负面影响取决于干旱胁迫程度和持续时间。在苗期，水稻对干旱反应较为敏感，干旱胁迫会增加总根长，扩大根表面积，提高根系活力，促使根系扎入深层土壤，吸收更多的水分；干旱胁迫会降低根系吸收机能，加快根尖木栓化进程，减弱根系中糖酵解等代谢过程，增加糖和酰胺类物质积累量。分蘖至开花期，水稻对干旱最为敏感，此阶段的受旱效应会叠加，抑制开花授粉，降低结实率，对产量产生较大的负面影响。齐穗后干旱胁迫，加速水稻叶片衰老，减弱物质转运，降低籽粒充实度（郑丕尧等，1996；卢向阳等，1997；罗利军等，2001；杨建昌等，2002；郑家国等，2003）。环境中水分过于缺乏，引起水稻体内细胞原生质脱水，如果持续时间过长，就会导致不可逆的影响甚至死亡（武维华，2008）。

干旱胁迫等逆境会打破稻株体内活性氧产生与清除的动态平衡，增加活性氧含量，降低活性氧清除能力，促使膜脂发生过氧化作用，增加 MDA 含量，破坏根系和叶片膜系统，引起细胞质外渗，增加电导率（田露，

2016），最终导致各种生理生化代谢发生紊乱，胁迫过于严重时上述过程将不可逆转。在结实期增加土壤干旱胁迫程度和延长胁迫时间，稻株体内 O_2^- 和 H_2O_2 大量产生，会加剧细胞膜脂过氧化，破坏细胞膜的完整性；抗旱性强的品种受到的负面影响明显小于抗旱性较弱的品种，并且叶片中 SOD 和 CAT 活性的升高与其抗旱能力显著正相关（王贺正等，2006；姜孝成等，1997；李长明等，1993；蒋明义等，1996；陈小荣等，2013）。

水稻光合作用对干旱胁迫极为敏感，干旱胁迫通过影响蒸腾强弱、叶面积大小、气孔大小、色素含量高低等来抑制能量转化和物质合成过程，进而降低水稻光合作用。干旱胁迫降低细胞膨压，减少叶面积，减少受光面积，降低光合速率（周广生，2006；丁雷等，2014；王成瑷等，2014；李旭等，2017）。气孔是 CO_2 进入水稻体内和水分散失的主要通道，其开合状态、形态和数量都能影响水稻的光合作用。水稻遭遇干旱胁迫后，叶片气孔密度增加，气孔的长、宽和开度降低，气孔导度和净光合速率下降，叶片 ABA 含量增加与气孔导度下降密切相关（杨建昌等，1995a；孟雷等，1999）。轻度干旱胁迫对水稻叶片中色素和叶绿素荧光参数无明显的负面影响，但是会增加叶片气孔导度和胞间 CO_2 浓度；中度干旱胁迫会明显降低叶片气孔导度和胞间 CO_2 浓度，降低光合量子效率、光合电子传递速率、羧化效率及光合磷酸化过程；重度干旱胁迫会显著降低叶片色素和荧光参数，进一步降低光合机构吸收和传递光能效率，产生过剩的激发能，加速活性氧积累，破坏光合器官，降低 PSⅡ光化学活性（郭相平等，2006；朱杭申等，1994；孟宪梅等，2003；卢从明等，1994；孙骏威等，2004；Koji et al.，2003；Legg et al.，1979）。干旱胁迫会迫使参与 NO_3^- 还原与利用的关键酶（硝酸还原酶等）活性下降，增加水稻体内硝酸含量，最终引发毒害；此外水解酶活性增加会加速分解蛋白质，增加体内可溶性氮含量（王万里，1986）。呼吸作用对干旱的敏感性明显弱于光合作用，轻度干旱会增加水稻叶、茎及整株呼吸速率；随着干旱程度的持续增加，水稻叶、茎及整株呼吸速率逐渐降低；严重干旱会导致氧化磷酸化解偶联，ATP 供应不足，植株能量代谢完全失调而死亡（Hsiao，1970）。旱作水稻叶片、根系呼吸强度均强于水作（黄文江等，2002）。

干旱胁迫降低水稻产量和品质。在不同的生育时期，水稻受到不同程度干旱胁迫，其产量变化不尽相同（王成瑷等，2008；梅德勇等，2016）。在非致死性干旱胁迫条件下，移栽至分蘖盛期，干旱胁迫会降低有效穗数，水稻群体后期通过提高千粒重、结实率等弥补产量，最终不会显著减产（汪妮娜等，2013）；分蘖盛期至孕穗初期，干旱胁迫抑制无效分蘖发生，有利于提高群体质量，最终会略微增产；有效分蘖终止期至孕穗Ⅲ期、孕穗Ⅲ期至齐穗期，干旱胁迫会严重抑制幼穗生长分化，降低结实率，最终明显减产甚至会绝收；齐穗后至成熟期，干旱胁迫降低物质运输效率，籽粒灌浆减弱，结实率和千粒重均受到重大影响，进而影响稻谷产量（郑家国等，2003；张玉屏等，2005）。稻米品质首先受限于自身遗传基因，外界环境条件（养分、温度、水分、光照强度和湿度等）的改变会影响与品质形成相关基因的表达，进而改变稻米品质。灌浆结实期间，影响稻米品质环境因子强度顺序为：气温>肥料>土壤水分。有研究证实，在灌浆结实期间，轻度的土壤干旱胁迫会提高整精米率，软化胶稠度，提高稻米品质；重干旱胁迫会降低整精米率，增加垩白度和垩白粒率（蔡一霞等，2002，2004，2006b；郑传举等，2017）。还有研究表明，结实期干旱胁迫还会降低崩解值，提高黏度和消减值，导致米饭变硬，减小黏附性，稻米的蒸煮食味品质随着干旱胁迫加剧有明显变劣的趋势（Lilley et al.，1996；Bouman et al.，2004）。

1.2.3 水稻抗旱机理

水稻经过自然选择和人工培育，在一定范围内，可以抵抗干旱胁迫获得较高的经济产量。水稻为适应外界干旱胁迫环境，通常会改变自身根、茎、叶、穗等形态结构、调控生长发育进程、启动一系列的生理生化保护机制。根系最先感受到干旱胁迫，并迅速发出信号。干旱胁迫下，水稻通过增加根系长度和数量，增加根系下扎深度，吸收更多水分（Farooq et al.，2009；Hirayama et al.，1997）；叶片生长速率下降，总叶面积减小，进而最大程度地维持植株的水分平衡（武维华，2008）。干旱胁迫下，水稻通过调控叶片气孔密度、气孔长宽比，改变气孔的分布来减少水分损耗，增加 CO_2 通过效率，从而维持光合作用正常进行（Hall，1976；杨建昌等，1995a；宋俊乔，2010）。还有研究表明，相同干旱胁迫下，与弱抗类型品种相比，抗旱性强的品种气孔导度降幅小，能够较好地维持气孔开放，减少无效的蒸腾失水（郑成本等，2000；周广生，2006）。

水稻的渗透调节能力为 $0.4 \sim 0.5$ MPa。干旱胁迫下，水稻主动积累各种渗透调节物质（如可溶性糖、游离氨基酸、脯氨酸等有机类物质和无机离子 K^+ 等）来增强细胞渗透调节能力（李冠等，1990；田霞，2010；徐芬芬等，2015），其中脯氨酸还能提高蛋白质稳定性（李德全等，1991）；增加水稻体内可溶性蛋白质含量，也能增加细胞保水能力，增加植株抗旱能力

（张燕之，1994）。干旱胁迫前期，水稻叶片中脯氨酸、可溶性糖、游离氨基酸积累总量快速上升，达到峰值后开始下降，下降速度先快后慢（陈晓远等，2006）。轻度干旱胁迫条件下，相比弱抗旱性品种，强抗旱性品种叶片提前积累游离脯氨酸，且高水平持续时间更久（杨建昌等，1995b）。水稻受到干旱胁迫后，体内防御性酶（过氧化氢酶、过氧化物酶、超氧化物歧化酶、谷胱甘肽还原酶、抗坏血酸过氧化物酶等）等活性增加，自由基清除能力增强，膜脂过氧化水平降低，细胞膜受到损伤减轻；耐旱品种叶片中过氧化物酶活性增幅明显高于不耐旱品种，严重干旱胁迫会降低所有参试品种的 POD 活性和 CAT 活性，但耐旱品种的降低幅度比不耐旱品种低（卢少云等，1997）。

干旱胁迫响应基因大致可划分为以下几类：转录调控因子（如 DREB1）；转录后 RNA/蛋白修饰（如磷酸化/去磷酸化）；渗透调节或分子伴侣（Yang et al.，2010）。干旱胁迫可以诱导水稻转录因子的表达，进而启动干旱适应相关基因（Siddique et al.，2009；Philippe et al.，2010；Hu et al.，2008；Hou et al.，2009；Jeong et al.，2010）。在干旱胁迫等逆境条件下，作物的基因表达发生变化，蛋白质总体合成能力减弱，同时产生一些新的特异蛋白质，这类蛋白被定义为逆境蛋白。以往研究已经发现多种逆境蛋白，如 LEA 蛋白、泛肽、热激蛋白（周广生，2006；Salekdeh et al.，2002）。虽然作物干旱诱导蛋白已被发现并取得一些研究结果，但其作用机理和功能尚未被完全验证，推测具有如下功能：作为分子伴侣，保护细胞结构，调控离子吸收；作为调节蛋白，直接参与渗透调节过程；增强耐脱水能力（周广生，2006）。干旱胁迫下，提高叶片中 LEA 蛋白合成量可以增加水稻的抗旱能力（韦朝领等，2000）。此外，有研究发现水稻胚胎发育过程中苗和根还能合成一种 21KD 蛋白质来增强其抗旱能力（万东石等，2003）。

植物通过调控激素合成，进而调节底物水平、酶水平和细胞水平等物质能量代谢过程。干旱胁迫会改变水稻根、叶等组织中脱落酸（ABA）、生长素（IAA）、赤霉素（GA）、细胞分裂素（CTK）等激素的含量水平，调控各类激素的比例。干旱胁迫下，水稻体内 IAA、CTK、GA 合成量减少，ABA 浓度快速增加以适应干旱环境（黄文江等，2002）；叶水势 0.2 MPa 是叶片 ABA 含量迅速增长的临界值（杨建昌等，1995a）。ABA 增加促进根系对水和离子的吸收，促使气孔关闭，减少水分损失，抑制生长，诱导脯氨酸积累，活化与抗旱诱导有关的基因（李成业等，2006；杨波等，2014），然而有研究认为叶片 ABA 含量处于较高水平时，叶片气孔仍然正常开放，这可能是 CTK 共同参与了胁迫响应所致；干旱胁迫下，水稻生殖器官中 ABA 含量升高可能会抑制细胞分裂，进而损伤小花和影响籽粒发育，最终降低产量，其中起关键作用的是 ABA-GA 的拮抗作用（汤章城，1983；Boyer et al.，2004；Yang et al.，2001；Raveendran et al.，2011；Tao et al.，2006；Blum，2005）。多胺（如腐胺、亚精胺和精胺）常为多聚阳离子状态，能够与细胞内功能基团、酶、核酸、结构蛋白等发生作用，调节植物生长发育、形态建成和产量形成（王志琴等，1998）；在干旱胁迫下，抗旱性强的水稻品种多胺累积较早且持续时间长（杨建昌等，2004）。

1.2.4　抗旱性鉴定方法与鉴定指标

抗旱性鉴定对于水稻生产至关重要，它涉及抗旱育种和节水抗旱栽培的各个环节，如筛选和创制抗旱种质资源、培育抗旱性强的亲本组合、选育抗旱杂交后代以及筛选抗旱品种（黎裕，1993；程建峰等，2007；王英等，2010）。由于试验年度和试验地点的环境、材料类型、干旱胁迫条件和时期以及检测仪器与方法差异，水稻抗旱性鉴定异常复杂，目前仍缺少统一的筛选指标和标准鉴定方法（熊放，2016）。

创造一个适宜的干旱胁迫环境，是准确鉴定水稻抗旱性的基础（龚明，1989）。目前，创造水稻干旱胁迫环境的方法主要有：自然干旱法（在降水量少的干旱常发区，通过自然降雨控制土壤水分，营造不同程度的干旱胁迫环境）、控制灌溉法（通过灌水或排水创造不同的干旱胁迫程度）、大气干旱法（将植株种植在能控制空气湿度的干旱室中，供给可控制湿度的空气，或喷施化学干燥剂，或将水培的植株根系以不同时长暴露到空气中，构建不同程度的干旱胁迫环境）、高渗溶液法（种子或植株培养在不同浓度的蔗糖、甘露醇、葡萄糖、聚乙二醇等培养液中）（胡标林等，2005；敬礼恒等，2013b）。

抗旱性鉴定方法较多。①田间鉴定法：将鉴定材料直接播种于田块中，在自然降水条件下通过灌水控制土壤水分，构建不同干旱胁迫程度，改变水稻形态、产量特征，借此评价其抗旱性。此方法简单易操作，抗旱性鉴定结果与田间表现较为一致，符合育种实践和水稻品种抗旱性筛选需求。但受环境条件（降水量、湿度、温度等）变化影响，年际间重复性较差，工作量大。②干旱棚或温室法：将鉴定材料种植在干旱棚或温室的抗旱池或盆内（水培、沙培或土培），通过调控土壤水分含量和空气湿度来创造干旱胁迫环境，测定各胁迫处理下生长发育、生理生化和产量指标的变化，借此评价作物的抗旱性。此方法对设施设备要求高，数据重演性好，结果简单可靠，但是鉴定结果还需要进行大田验证。③生长箱或人工气候室法：在生长箱或人工气候室中，严格控制试验温度、湿度和光照，进行不同程度的干旱胁迫，鉴定作物的抗旱性。该法试验结果可靠，重复性好，但设施设备要求高，不适宜进行大批量抗旱性鉴定工作。④分子生物学方法：应用分子生物学及分子克隆技术定位抗旱基因（RFLP、RAPD 等），或者定位一些与抗旱性密切相关性状的基因，建立起遗传连锁图。此法不受环境和季节的影响，准确可靠，但是尚处研究阶段，并且成本很高（黎裕，1993；孙彩霞，2001）。⑤间接鉴定法：以抗旱性与耐热性呈正相关为依据（陈立松等，1997），通过鉴定作物的耐热性间接评价参试材料的抗旱性，其结果与田间抗旱性鉴定较为一致。

水稻抗旱性鉴定可以在发芽期、苗期、分蘖期、孕穗期、开花期、灌浆期或者贯穿整个生育期，但是适于各时期水稻抗旱性鉴定的指标却存在显著差异（管永升等，2007；龚明，1989；程建峰等，2005；张燕之等，1986）。

水稻抗旱性鉴定指标通常包括形态结构、生长发育、生理生化、产量指标、品质指标以及综合指标等。干旱胁迫会引起水稻根系、叶片以及株高等形态特征发生适应性变化。水稻根系特征（根系数量、总长、直径、干重、分布与密度，发根力，根系穿透力，拔根拉力，根内维管束数目，根冠比，根茎比等），叶片特征（卷叶度、叶片水势、气孔数量与分布、叶片角质层、叶色、叶面积、叶向和叶角等），木质部导管密度，株高等的变化可以作为水稻抗旱性鉴定指标（李晚忱等，2001；徐富贤等，2003；胡荣海，1986；Feng et al.，2012）。

水稻在干旱胁迫条件下，生长速率、出叶速度、叶片扩张速率、干物质积累速率等指标均可用于抗旱性鉴定（张燕之，1994；胡标林等，2005）。反复干旱后存活率、干旱胁迫下 50%的植株达到永久萎蔫或死亡所需时长常被作为抗旱性鉴定指标（胡荣海，1986；黎裕，1993）。

干旱胁迫发生后，水稻体内发生一系列生理生化变化。有研究认为水势、相对含水量、束缚水含量、水分利用效率、茎的水分输导能力、质膜透性、蒸腾速率、光合作用、呼吸作用、渗透调节能力、可溶性蛋白质含量、可溶性糖含量、根冠中平衡石淀粉水解速度、保护酶活性、内源激素比例变化等可以作为水稻抗旱性鉴定指标（王贺正等，2009；熊正英等，1995；马一泓等，2016）。

干旱胁迫对水稻的最终影响都将集中于产量及其相关性状，因此测定干旱胁迫下水稻产量构成因子、谷粒长宽、经济产量、生物产量、经济系数、抗旱系数、抗旱指数等的变化可以鉴定水稻种质资源或品种的抗旱性（程建峰等，2007；杨建昌等，2002；来长凯等，2015）。

由于水稻抗旱性的复杂性，在对水稻进行抗旱性鉴定中，应从形态结构、生理生化、生长发育和产量性状中挑选出多个与抗旱性密切相关的指标，再进行综合评价分析，鉴定结果才能正确有效（王贺正等，2009；陈凤梅等，2000；陈凤梅等，2001）。

水稻抗旱鉴定指标选择应遵循"效应明显、简便实用"的原则。不同作物种类或作物品种响应干旱胁迫的方式或干旱胁迫所引起的变化都存在差异。在进行抗旱鉴定之前，对参试材料进行深入研究（查阅资料和开展预实验），确保干旱胁迫会导致所选择的指标产生比较明显的变化，才能有效鉴定参试材料间的抗旱性差异。为提高水稻抗旱性评价结果的准确性和科学性，必须针对不同生育时期选择更为有效的鉴定指标（孙彩霞，2001）。如果对作物的抗旱性进行系统研究或建立抗旱鉴定指标体系，则应对各类指标进行尽量多的测定。如果仅是甄别鉴定材料的抗旱性差异，选择适合特定环境下的抗旱性鉴定指标，最好选择一级抗旱鉴定指标（如幼苗反复干旱存活率等），这样既能减少工作量，又能准确区分不同材料的抗旱性。进行大批量鉴定，必须考虑鉴定评价效率和鉴定成本，简单、快速和经济的鉴定指标是首选。产量作为抗旱鉴定的重要指标，受干旱胁迫和其他因子的综合制约，采用产量指标进行抗旱性鉴定时，参试材料需要进行较大面积种植，多点、多年重复鉴定，费工费时。根系指标，取样困难且取样准确性较差。大部分生理生化指标需采集新鲜的根系或叶片样品，带回实验室进行分析测定，这些指标不宜作为大批量鉴定的首选指标，少量能在田间进行快速实测的指标值得摸索。尽管对抗旱性鉴定开展了大量研究，但试验结果并不完全一致，甚至有迥然不同的试验结果。有研究表明，高渗溶液中的种子发芽率、叶片卷曲程度和渗透调节能力等与其抗旱性无显著相关，渗透调节能力和冠层温度等指标在品种或品系间并无显著差异（黎裕，1993；李艳，2006）。由此可见，在对水稻进行抗旱性鉴定时，应该优先选择无争议的指标，并根据具体试验条件和特定生育期选用适宜的综合指标。

1.2.5　水稻抗旱性评价及预测

水稻抗旱性鉴定指标都有其应用的局限性，但不同研究者可以选择相同或不同的指标应用于抗旱性鉴定。根据上述的指标选择原则，很多指标已经被广泛使用。其中，高渗溶液中的种子萌发率、反复干旱后的幼苗存活率以及产量抗旱指数应用最广泛。目前，更加强调抗旱性指标的综合运用和评价。利用单一指标评价作物的抗旱性，其结果较为片面，与作物的实际抗旱能力存在较大差异。目前，采用多个指标综合评定作物的抗旱性的方法被广泛接受，该方法弥补单个指标的片面性，剔除一些指标间的重叠效应，最终的评定结果与实际结果较为接近（龚明，1989；黎裕，1993）。

直接比较法。鉴定抗旱性时，对材料进行多指标测定（如丙二醛、渗透调节物质、激素和抗氧化保护酶），对每个指标进行简单的甄别排位，利用排序结果区分材料（品种）抗旱能力的强弱（袁志伟等，2012）。

分级评分法。测定干旱胁迫下材料各项指标，并以各项指标的变化特征作为划分标准，制定出相同数目的级别（4~5级为宜）；各项指标的级别值相加作为鉴定材料的抗旱总级别值，并以数值的大小来判断其抗旱性强弱（高吉寅等，1984）。刘学义等（1993）通过对各个指标的抗旱系数（抗旱系数=旱地性状值/水地性状值）进行累加求出品种的综合抗旱系数（分为5级），然后对参试品种进行抗旱性区分。侯建华等（1995）优化五级评分法，各项指标的测定值经过换算并定量，根据各指标的变异系数确定各指标参与综合评价的权重系数矩阵，经过权重分析，进行抗旱性综合评价。

产量指标法。根据产量表现来判定作物品种的抗旱性是传统抗旱育种的经典方法（黎裕，1993）。目前比较通用的抗旱性指标有抗旱系数、干旱敏感指数、干旱伤害指数、抗逆指数、抗旱指数（Fischer et al.，1978；兰巨生，1998；兰巨生等，1990）。产量抗旱系数=胁迫产量（Yd）/非胁迫产量（Yp），抗旱系数越大，说明材料越抗旱；但该指标只能说明旱地品种的稳产性，不能反映高产性（袁志伟等，2012）。干旱伤害指数=$1-Yd/Yp$=$1-$抗旱系数，干旱伤害指数越大，说明受干旱的影响越大。产量抗旱指数=抗旱系数×Yd/所有供试品种平均胁迫产量，该指标同时考虑了环境差异和基因型差异对结果的影响，使作物抗旱性鉴定的产量指标在生物学意义上有了实质性改进。产量胁迫敏感指数=某品种的干旱伤害指数/所有品种的平均干旱伤害指数，敏感指数仅是抗旱系数的变型，是抗旱系数取被1减去的形式，两者相关系数$r=-1$（兰巨生等，1990）。

数学分析法。一是通径分析法，可以揭示各个因素对因变量的相对重要性，比相关分析和回归分析更为准确（明道绪，2006；唐启义等，2017；李艳，2006）。二是灰色关联度分析法，是对一个发展变化着的系统进行发展态势量化比较的一种分析方法，主要用于解析系统中各因素的关联程度（承泓良等，1987；丁成伟等，1999；黄志勇等，1995；孙彩霞等，2004；张振宗等，1994；邱才飞等，2011）。三是主成分分析法，由于主成分为综合变量且相互独立，可以比较准确地了解各性状的综合表现，同时根据各自的贡献率大小可以确定其相对重要性，并在此基础上，再采用隶属函数加权法，可以比较科学地对各品种的抗旱性进行综合评价（王天行等，1992；孙彩霞等，2002；刘学义，1985；龚明，1989）。四是聚类分析法，根据多项指标所测数据，对供试材料和鉴定指标进行系统聚类（王天行等，1992；唐启义等，2017；黎裕，1993；薛慧勤等，1997；田治国等，2011）。五是多属性决策法，可以较好地评价抗旱能力（杨奇勇等，2007）。

总抗旱性评价法。根据作物的抗旱性可划分为避旱性和耐旱性两部分。总抗旱性（Rd）＝耐旱性（Td）×避旱性（Ad_{50}），其中 $Td = \Psi_0 - \Psi_{p50}$；$Ad_{50} = \Psi_{e50}/\Psi_{p50}$（$\Psi_0$ 为植物水分饱和时的水势，Ψ_{p50} 为干旱胁迫下产生 50% 伤害时的植物水势，Ψ_{e50} 为干旱胁迫下产生 50% 伤害时的环境水势）（Levitt，1972；陈立松等，1997）。

1.3　本研究的切入点及拟解决的关键问题

抗旱性鉴定是水稻抗旱育种和节水抗旱栽培的重要基础。以往研究提出的水稻抗旱性鉴定指标很多，但与抗旱性关系还不十分清楚，因而难以建立起水稻抗旱性鉴定指标体系，加之抗旱性评价方法不尽合理，导致水稻抗旱性鉴定准确性、稳定性和简便性不够，从而影响了抗旱育种的效率和抗旱品种有效利用。本研究以此为切入点，通过育种材料、育种亲本、组合品系、主推品种等系列材料，芽期、苗期、分蘖期、穗分化期等多个生育时期，全生育期（移栽返青至收获，下同），实验室、盆栽、大田等多种试验环境，测定形态指标、生长指标、生理指标、产量指标等多类指标，通过关联分析、隶属函数分析、主成分分析、聚类分析等多种分析方法，重点开展以下相关研究。

一是抗旱性鉴定指标筛选和抗旱性鉴定指标体系初步建立。以往的水稻抗旱性鉴定研究主要是对在生产上推广和即将推广的品种或组合进行的，本研究不仅有主推品种和杂交稻组合，还有育种材料和育种亲本；以往研究缺少对同一试验材料进行不同生育时期的抗旱性鉴定指标筛选，本研究使用近等基因导入系在芽期、苗期和全生育期进行干旱胁迫，可以比较不同生育阶段抗旱性的关联性；以往对水稻抗旱性鉴定指标筛选的研究，多为测定某一类指标或某几类的少量指标，本研究测定了形态指标、生长指标、生理指标、产量指标等，指标类型更加全面。在此基础上，研究水稻不同时期抗旱鉴定指标的干旱胁迫效应，进一步明确抗旱性鉴定指标与抗旱性的关系，筛选出有效的抗旱性鉴定指标，初步建立抗旱性鉴定指标体系。

二是水稻抗旱性评价方法研究。以往评价水稻抗旱性通常是在某个胁迫水平下进行，本研究设置多梯度干旱胁迫环境，分析多梯度下各性状的综合干旱胁迫效应，以此来评价材料（品种）的抗旱性；同时，试图把品种区试产量数据当作抗旱性鉴定中正常水分的值，以此来评价水稻抗旱性，从而减少抗旱性鉴定工作量。

三是水稻抗旱性鉴定指标和方法的应用。在上述基础上，对水稻材料（品种）抗旱性进行筛选，以供育种和生产利用；此外，对水稻不同时期的抗旱性进行预测研究。

2 材料与方法

2.1 供试材料与试验设计

2.1.1 川香29B近等基因导入系芽期、苗期和全生育期干旱胁迫试验

2.1.1.1 试验材料

以优质籼稻保持系川香29B为轮回亲本，从全球水稻分子育种计划的核心种质中选择110个材料作供体亲本，每个BC_1F_1选择25个以上的单株与轮回亲本回交，连续回交至BC_3F_1，然后自交。每个供体亲本保证有25个左右的BC_3F_2群体，共构建完成3 300份BC_3F_2材料。在抗旱性初步鉴定的基础上，选择其中5份优异川香29B近等基因导入系（简称川香29B NIILs）为研究对象，以川香29B为对照（表2-1）。

表2-1 川香29B NIILs名称与代号

Table 2-1 Name and code of Chuanxiang 29B NIILs

川香29B NIILs名称 Name of Chuanxiang 29B NIILs	川香29B NIILs代号 Code of Chuanxiang 29B NIILs
5817（川香29B/ASOMINORI//29B///29B）	NL1
5818（川香29B/ASOMINORI//29B///29B）	NL2
5819（川香29B/ASOMINORI//29B///29B）	NL3
5820（川香29B/ASOMINORI//29B///29B////29B）	NL4
5821（川香29B/ASOMINORI//29B///29B////29B）	NL5
川香29B	NL6

2.1.1.2 芽期干旱胁迫试验设计

PEG浓度设置：分别为0、5%、10%、15%、20%质量百分比的PEG-6000（聚乙二醇）溶液，分别用T0、T5、T10、T15、T20表示。

挑选NL1、NL2、NL3、NL4、NL5和NL6均匀饱满种子各1 500粒，各

分为 15 份、每份 100 粒，并称重，然后经 0.1% 的 $HgCl_2$ 溶液表面消毒 20 min，去离子水洗净后，用滤纸将种子表面的水吸干。以直径为 90 mm 的培养皿底部垫双层圆形滤纸为发芽床，每个培养皿均匀放置 100 粒，加入 10 mL 不同浓度的 PEG 溶液模拟干旱胁迫，对照加入等量的蒸馏水，加盖盖好，每处理 3 次重复。置于恒温光照培养室中发芽，保持恒温 28 ℃，光照周期为 8 h/16 h（光照/黑暗），光强为 3 000 lx。

从种子置床之日起开始观察，以胚根突破种皮 1mm、胚芽为种子长度 1/2 为发芽标准，逐日定时测定发芽种子数。

2.1.1.3　苗期干旱胁迫试验设计

挑选籽粒饱满的水稻种子，浸种 48 h，于 37 ℃ 恒温培养箱中催芽，待种子露白后播种。采用大钵育秧，置于大棚培育出苗，长至 3 叶 1 心时，选择生长均匀一致的秧苗，进行干旱胁迫。采用 T×C 二因素完全随机试验设计，T 因素为水分管理，设置 2 个水平：T1—正常浇水管理，T2—定期进行干旱胁迫；C 因素为供试材料，即 6 个供试水稻材料：NL1、NL2、NL3、NL4、NL5 和 NL6，共计 12 个处理，每个处理设置 3 次重复，每个重复 1 盘，每盘 144 钵，每钵 3 粒芽谷。干旱胁迫（T2）包括 2 次干旱处理过程，其中第 1 次干旱处理：每个材料选择 3 盘，停止浇水，当所有材料叶片在干旱胁迫后中午前后出现萎蔫，叶片出现严重枯萎（所有叶片均严重卷曲成针状），作为第 1 次干旱胁迫结束点；第 2 次干旱处理：第 1 次干旱取样调查结束，立即浇透水，后续不再浇水，待所有品种叶片均严重卷曲成针状，50% 叶尖出现枯黄，作为第 2 次干旱胁迫终点。

2.1.1.4　全生育期干旱胁迫试验设计

大棚盆栽试验。采用 T×C 二因素完全随机试验设计，T 因素为干旱胁迫（用北京智海电子仪器厂生产的 TSC Ⅱ 型智能化土壤水分快速测试仪监测土壤含水量），设置 5 个水平：T1，全生育期内保持 1~2 cm 的浅水层；T2，水稻返青自然落干至收获 0~30 cm 土壤水分控制在饱和含水量的 80%±10%；T3，水稻返青自然落干至收获 0~30 cm 土壤水分控制在饱和含水量的 60%±10%；T4，水稻返青自然落干至收获 0~30 cm 土壤水分控制在饱和含水量的 40%±10%；T5，水稻返青后自然落干至收获，当倒数第 2 叶出现萎蔫时补水 1~2 cm，如此循环。C 因素为供试材料，即 6 个供试水稻材料：NL1、NL2、NL3、NL4、NL5 和 NL6。试验共计 6×5 = 30 个处理，重复 3 次，每个重复种植 2 盆，合计 180 盆。

4 月 10 日采用湿润育秧，4 叶 1 心期移栽至圆形盆钵（内径 30 cm，深度 30 cm，每盆装土 15 kg），移栽时保持 1 cm 浅水层，每盆移栽 3 株（呈三角形），株距 16.5 cm，单苗栽插，盆钵摆放行间距为 0.20 m×0.10 m。土壤取自临近稻田（2~15 cm）肥力中等，有机质含量 4.18%、全氮 0.23%、全磷 0.11%、全钾 1.40%、有效氮 233.20 mg/kg、有效磷 57.92 mg/kg、有效钾 138.40 mg/kg，pH 值 7.05。移栽前每盆施用尿素 3.5 g、过磷酸钙 12.0 g、硫酸钾 6.0 g，抽穗期每盆施用尿素 1.0 g，返青落干后土壤干旱胁迫按照试验设计进行。其余管理同当地高产水稻田块。

2.1.2　水稻亲本全生育期干旱胁迫试验

2.1.2.1　试验材料

本试验采用 6 个水稻亲本：IR64、明恢 63（MH63）、Ⅱ-32B、R17739-1、Bala、蜀恢 527（SH527）。

2.1.2.2　试验设计

盆栽试验，采用二因素（T×C）完全随机设计。T 为干旱处理，以田间持水量作为土壤水分含量梯度划分依据，利用称重法量化控制盆栽土壤含水量，共设计 4 种水分处理水平，即>100%（Ⅰ）、80%（Ⅱ，轻度胁迫）、60%（Ⅲ，中度胁迫）和 40%（Ⅳ，重度胁迫）田间持水量（Field Moisture Capacity，FMC）；C 为供试材料。盆栽初始装土时，使均匀一致的钢化塑料盆装土后恒重 7 kg，移栽当天每盆加水至 8.5 kg，开始梯度量化控水后，定期以电子天平（精确度 0.001 kg）逐盆称重，使 4 种处理中每盆总重量达到 9.50 kg、7.82 kg、7.14 kg、6.40 kg；之后根据预备试验各水稻亲本的 2 日平均生长量补加水量，灌浆结束后不再补加。低于这个标准时加水补足，直至收获。

4 月 15 日将试验材料播种于秧田，5 月 30 日移栽至钢化塑料盆中，每处理水平每参试材料各栽 6 盆，每盆 3 株，呈三角形栽培，置于人工搭建的防雨大棚内；按大田管理防治病虫害。

2.1.3　杂交稻组合全生育期干旱胁迫试验

2.1.3.1　试验材料

选择有关课题自育的 10 个籼稻杂交新组合（Cross combination）和冈优 725（对照品种，当地主推高产品种），均由四川省农业科学院作物所提供，组合名称及其代号见表 2-2。

表 2-2 参试组合名称及代号

Table 2-2 Name and code of tested cross combinations

组合名称 Name of cross combination	组合代号 Code of cross combination
冈优 725	GY725
沪旱 7A/Z4R（Si）	CC1
沪旱 7A/成恢 177	CC2
沪旱 7A/成恢 178	CC3
沪旱 7A/成旱恢 31701	CC4
沪旱 7A/成旱恢 31704	CC5
沪旱 7A/成旱恢 31621	CC6
沪旱 7A/成旱恢 30248	CC7
沪旱 7A/成旱恢 30241	CC8
沪旱 7A/成旱恢 31708	CC9
沪旱 7A/成旱恢 30218	CC10

2.1.3.2 试验设计

采用大棚盆栽试验。采用二因素（T×C）完全随机设计，其中 T 因素为 2 种水分管理：干旱胁迫和正常水分，干旱胁迫为秧苗返青后至收获土壤含水量保持 60% 田间持水量（称重法控水），正常水分为干湿交替灌溉；C 因素为 11 个供试材料，每个处理种植 5 盆，重复 3 次，合计 330 盆。4 月 15 日采用水育秧，5 月 30 日单苗移栽至钢化塑料盆（装土 7 kg/盆，加水 1.5 kg/盆，2~3 cm 浅水层），每盆移栽 3 株，呈三角形栽培，返青后土壤水分按照试验设计进行控管，其余管理同当地高产水稻田块。

2.1.4 主推品种芽期干旱胁迫试验

2.1.4.1 试验材料

选取了四川省主推水稻品种 20 个，品种名称及其代号见表 2-3。

表 2-3 参试品种名称及代号

Table 2-3 Name and code of the tested varieties

品种名称 Name of variety	品种代号 Variety code	品种名称 Name of variety	品种代号 Variety code
H 优 399	HY399	内 6 优 138	N6Y138
川优 6203	CY6203	宜香 907	YX907

品种名称 Name of variety	品种代号 Variety code	品种名称 Name of variety	品种代号 Variety code
H 优 523	HY523	宜香 2079	YX2079
川香优 6 号	CXY6H	宜香 2115	YX2115
川优 3727	CY3727	宜香 3724	YX3724
川优 5108	CY5108	内香 8514	NX8514
花香 7021	HX7021	德香 4923	DX4923
冈优 900	GY900	泸优 137	LY137
冈优 99	GY99	川香 308	CX308
福伊优 188	FYY188	蓉优 908	RY908

2.1.4.2 试验设计

采用 PEG-6000 溶液作为干旱胁迫介质，其溶液浓度按质量体积比（w/v）配制，经前期预试验选择，以 20% 浓度为干旱处理，以蒸馏水为对照（CK）。每品种选择饱满种子 400 余粒，用 75% 酒精表面消毒 45 s，用蒸馏水润洗 3 次后加蒸馏水（淹没种子）于 28 ℃ 恒温培养室中浸种 24 h，后取出用蒸馏水润洗两次，放入直径 90 mm 垫双层滤纸的培养皿内于 28 ℃ 催芽。待种子露白后，取出用滤纸吸干表面水分后，将种子均匀摆进直径为 90 mm 底部垫有双层圆形滤纸的培养皿中，每皿 50 粒，每皿再加入 10 mL PEG 处理溶液，对照加入 10 mL 蒸馏水，每处理 3 次重复。盖上盖置于恒温光照培养室中发芽，保持恒温 28 ℃，光照周期为 8 h/16 h（光照/黑暗），光强为 3 000 lx。每天观察培养皿内液体的变化并酌量添加蒸馏水，保持培养皿液体恒定。

从种子置床之日起开始观察，以胚根突破种皮 1 mm、胚芽为种子长度 1/2 为发芽标准，逐日定时测定发芽种子数。于第 10 天收获全部种子萌发小苗，保存于 -20 ℃，待测生理指标。

2.1.5 主推品种分蘖期和穗分化期干旱胁迫试验

2.1.5.1 试验材料

选用审定的 30 个杂交中稻品种（表 2-4）。

表 2-4 参试品种名称及代号

Table 2-4 Name and number of the tested varieties

品种名称 Name of variety	品种代号 Variety code	品种名称 Name of variety	品种代号 Variety code
G 优 802	GY802	内香优 18 号	NXY18H
绵香 576	MX576	香绿优 727	XLY727
蓉 18 优 188	R18Y188	宜香 4245	YX4245
宜香 7808	YX7808	内香 8156	NX8156
宜香 2079	YX2079	冈香 707	GX707
D 优 6511	DY6511	II 优航 2 号	IIYH2H
内 2 优 6 号	N2Y6H	内香 2128	NX2128
川香 858	CX858	内香 2550	NX2550
川香优 3203	CXY3203	内 5 优 5399	N5Y5399
内 5 优 39	N5Y39	宜香优 7633	YXY7633
蓉稻 415	RD415	宜香 4106	YX4106
宜香优 2168	YXY2168	川谷优 202	CGY202
泰优 99	TY99	乐丰优 329	LFY329
内 5 优 317	N5Y317	宜香 1108	YX1108
川作 6 优 177	CZ6Y177	川香优 727	CXY727

2.1.5.2 试验设计

采用二因素（干旱胁迫和品种）随机区组设计，干旱胁迫设 3 个水平：CK（浅水层）、分蘖期干旱（T1）、穗分化期干旱（T2）。其中，分蘖期干旱处理：5 月 20 日至 6 月 2 日，土壤含水量维持在 54.31%~65.55%（平均59.93%）时复水；穗分化期干旱处理，6 月 22—29 日，土壤水分从基本饱和状态降至 78.1%，7 月 1 日复水。小区面积 9.85 m²，3 月 10 日播种，5叶期移栽，亩施纯 N 8 kg（按底：蘖：穗=5：3：2 施用），均按 20 cm×30 cm 规格每穴栽双株。其余管理同大田生产。

2.1.6 主推品种全生育期干旱胁迫试验

2.1.6.1 试验材料

采用生产上主推的生产品种 20 个，品种名称及其代号见表 2-5。

表 2-5　参试品种名称及代号

Table 2-5　Name and code of the tested varieties

品种名称 Name of variety	品种代号 Variety code	品种名称 Name of variety	品种代号 Variety code
川香 9838	CX9838	丰大优 2590	FDY2590
冈优 188	GY188	天龙优 540	TLY540
K 优 21	KY21	宜香 305	YX305
川香 178	CX178	宜香 2079	YX2079
川香优 425	CXY425	川香 8108	CX8108
冈优 198	GY198	德香 4103	DX4103
协优 027	XY027	川农优 498	CNY498
辐优 6688	FY6688	川农优 527	CNY527
Ⅱ优 3213	ⅡY3213	川香 317	CX317
冈香 828	GX828	Ⅱ优 615	ⅡY615

2.1.6.2　试验设计

采用二因素随机区组设计，T 因素为干旱处理，C 因素为品种，共 40 个处理组合，重复 3 次，每个重复 2 盆。

采用盆栽方法（塑料盆钵，直径 30 cm，深度 30 cm）。设 2 个水分控制处理：①CK：全生育期一直保持 1 cm 的浅水层，作为对照。②T：水稻返青后排干水，以后土壤水分一直控制在田间持水量的 70%（采用北京智海电子仪器厂生产的 TSCⅡ型智能化土壤水分快速测试仪监测土壤含水量）。干旱处理期间用塑料薄膜遮挡自然降雨，晴天移开遮雨棚。补水用量杯计量，灌水时缓慢加入。

盆钵土壤取自临近稻田土，壤土，肥力中等。每钵装土深度 25 cm，装土 15 kg。种子经常规消毒、浸种与催芽后，于 4 月 12 日播种。采用湿润育秧方式，常规秧田管理。移栽前每钵施尿素 3.5 g、过磷酸钙 12 g、硫酸钾 6 g，5 叶移栽，每钵呈三角形栽 3 穴，株距 16.5 cm，每穴单株。严格按照设计要求进行水分管理，及时防治病虫害。在完熟期及时收获。收获时轻拿轻放，并立即装进尼龙袋中，扎紧袋口。

2.2　测定项目与方法

2.2.1　萌发指标

发芽势（GP）和发芽率（GR）：于第 4 天和第 8 天调查每皿已发芽种子数，除以每皿种子总数，分别作为发芽势和发芽率。

发芽指数（BI）：BI = ∑（DG/DT），DG 为逐日发芽种子数，DT 为相应 DG 的发芽天数，计数至第 8 天。

活力指数（VI）：VI = BI×（芽长+最长根长），BI 为种子发芽指数。

种子萌发指数（GI）：GI =（1.00）nd2+（0.75）nd4+（0.50）nd6+（0.25）nd8，其中 nd2、nd4、nd6、nd8 分别为第 2、4、6、8 天的种子萌发率，1.00、0.75、0.50、0.25 分别为相应萌发天数所赋予的权重系数。

萌发抗旱系数（GIDC）：GIDC = 干旱胁迫下种子萌发指数/对照种子萌发指数。

根芽性状：处理后的第 8d 在各培养皿内随机选取 20 颗已发芽的种子，计量各种子的芽长、最长根长、根数，并分根、芽、剩余种子三部分分别称量鲜重，分装后于烘干箱 105 ℃杀青 0.5 h，80 ℃烘至恒重后称量干重。

根芽比（RSR）= 根干重/芽干重。

储藏物质转化率（SMCR）=（芽干重+根干重）/（芽干重+根干重+剩余种子干重）。

种子萌发幼苗相对含水量采用差减法计算，幼苗相对含水量 =（幼苗鲜重-幼苗干重）/幼苗鲜重。

2.2.2　形态指标

根、苗性状：每处理取 30 株幼苗，连土取出，用清水洗净，擦干水分。用直尺测定苗高；根系流水洗净后采用 Epson Expression 1 000 xl 根系扫描仪，辅以 WinRHIZO 软件，测量根系总长、总体积、总表面积和平均直径。秧苗分为地上部和根系，于 105 ℃杀青 30 min，80 ℃烘干至恒重，称重。

叶片性状：于齐穗期每小区取代表性植株 50 株，用 CI-203 型激光叶面积仪测量单株叶面积，并根据栽培密度计算叶面积指数。

粒叶比：采用粒数叶面积比，粒叶比（粒数/cm²）= 籽粒数/ 叶面积（cm²）。

株高：于成熟期，每重复选取 6 株代表性植株，用直尺测量株高。

2.2.3 生长发育指标

反复干旱存活率（SRRD）=（第 1 次干旱后的存活率+第 2 次干旱后存活率）/2。

最高分蘖数：从分蘖盛期每处理间隔 4 d 调查 30 丛水稻分蘖。

干物重：于成熟期，每处理选取 3 株代表性植株，将其分为叶、茎鞘、穗部，置于恒温箱内，105 ℃杀青 0.5 h，80 ℃烘干至恒重并称量。

2.2.4 生理生化指标

根部活力：发根力测定采用剪根水培法（徐富贤等，2003）；根系活力测定采用 TTC 染色法（张宪政，1992），各处理取样品 50 株，取距根尖 1 cm 处根段作为测定样品。

伤流量：伤流量测定参照柏彦超等（2009）的方法，于距地面 2 cm 处的基部节间采用保鲜膜包裹的脱脂棉收集 12 h，每小区 50 只伤流管为一组，选择具有平均茎蘖数的植株进行测定，收集均在晴天（18: 00 至翌日 6: 00）进行。

叶片 SPAD 和色素含量：每重复选取 30 株秧苗，用 SPAD-502 型叶绿素测定仪，测定 SPAD 值。然后剪取顶部第一展叶，混合后称取 0.1 g，加入 10 mL 提取液（乙醇：丙酮=1：1），浸提 24 h 后用分光光度法测定叶绿素 a、叶绿素 b 和类胡萝卜素含量。

净光合速率（NPR）：于齐穗后第 7 天，采用 ECA-PB0402 光合仪（北京益康农科技发展有限公司）于晴天 11: 00 左右测定剑叶净光合速率。每重复选取 5 株主茎剑叶测定，重复 3 次。

渗透调节物质：可溶性糖（SSu）含量、脯氨酸（Pro）含量、游离氨基酸（FAA）含量测定取芽或幼苗叶片采用苏州科铭生物技术有限公司试剂盒；可溶性蛋白（SP）含量取幼苗顶部第一展叶参照考马斯亮蓝法（Bradford）测定（王文龙，2014）。

抗氧化反应指标：丙二醛（MDA）含量、SOD 活性、POD 活性、CAT 活性、维生素 C（Vc，又称抗坏血酸 AsA）含量、还原型谷胱甘肽（GSH）含量，取芽或幼苗顶部第一展叶，采用上海源叶生物技术有限公司测试盒或南京建成生物工程研究所测试盒测定。

相关酶活性：淀粉酶（总淀粉酶活性 = α-淀粉酶活性+β-淀粉酶活

性）测定取每皿萌发剩余种子 20 粒，称取 0.1 g；脯氨酸脱氢酶（ProDH）、1-吡咯啉-5-羧酸合成酶（P5CS）、鸟氨酸转氨酶（δ-OAT）活性取各处理秧苗顶部第 1 展叶，采用上海源叶生物科技有限公司试剂盒测定，重复 3 次。

2.2.5 激素指标

生长素（IAA）、脱落酸（ABA）、细胞分裂素（CTK）、赤霉素（GA）和乙烯（ETH）含量测定，每处理取芽或秧苗顶部第 1 展叶，采用上海源叶生物科技有限公司的 ELISA 试剂盒测定，重复 3 次。

2.2.6 穗部性状与谷粒性状

于成熟期每处理选取代表性植株，调查穗长（PL）、穗颈节长（NPNL）、穗一次枝梗数（PBNP）；脱粒后调查谷粒长（GL）、谷粒宽（GW），计算谷粒长宽比（GL/GW）。

2.2.7 产量性状

于成熟期每处理选取代表性植株，调查有效穗（EP）。收获后装在尼龙袋中，风干，对生物产量（BY）、经济产量（EY，简称产量）、穗总粒数（TGP）、穗实粒数（FGP）、穗秕粒数（UGP）、结实率（SSR）、穗总粒重（TGWP）、穗实粒重（FGWP）、穗秕粒重（UGWP）、千粒重（KGW）、收获指数（HI）等进行考种，结合水分控制数据计算经济产量 WUE（EY-WUE）、生物产量 WUE（BYWUE）等性状。并按实际收获穴数或实收面积计产。

2.3 参数计算

抗旱系数（DC）＝胁迫指标测定值/对照指标测定值。

产量抗旱系数（YDC）＝胁迫产量/对照产量。

产量抗旱指数（YDI）＝产量抗旱系数×胁迫产量/所有供试材料胁迫处理的平均产量。

干旱变异系数（DVI）（％）＝（干旱胁迫某项指标变异系数-正常水分某项指标变异系数）/（干旱胁迫某项指标变异系数×0.5+正常水分某项指标变异系数×0.5）×100，其中，变异系数（CV）（％）＝（相同处理下某项指标的标准偏差值/相同处理下某项指标平均值）×100 （田山君等，2014）。

水分利用效率（g/L）=经济产量或生物产量/耗水量。

2.4 数据处理与分析

采用 Microsoft Excel 2007 计算试验数据平均值等，运用 DPS14.05 或 SPSS 23.0 软件进行方差分析、相关性分析、隶属函数综合分析、主成分分析和聚类分析等。

2.4.1 隶属函数综合分析法

隶属函数综合分析法是一种较好的抗旱性鉴定指标综合分析方法，该指标能较为准确地评定作物间以及品种间的抗旱性差异（龚明，1989）。采用模糊数学隶属函数法，先计算参试品种各指标的隶属值，通过标准差系数归一化处理得到各性状的权重，再以每个品种各性状隶属值与权重乘积的累加得到各品种的隶属函数综合值（Membership function synthesis value，MFSV），最后依据 MFSV 值对各品种的抗旱性进行排序。数据标准化处理公式如下。

正向指标：$\mu(X_j)=(X_j-X\min)/(X\max-X\min)$ $j=1，2，3，\cdots，m$
负向指标：$\mu(X_j)=1-(X_j-X\min)/(X\max-X\min)$ $j=1，2，3，\cdots，m$

式中，X_j 表示第 j 个指标值，$X\min$ 表示第 j 个指标的最小值，$X\max$ 表示第 j 个指标的最大值。如某项指标与抗旱性为正相关，则采用正向指标计算；如某项指标与抗旱性为负相关，则采用负向指标计算。计算出各材料（品种）各指标的隶属值。采用标准差系数赋予权重法计算权重系数 W_j，计算公式如下。

$$W_j = r_j / \sum_{j=1}^{n} r_j \quad j=1，2，3，\cdots，m$$

式中，r_j 表示第 j 个指标的标准差系数。

$$MFSV = \sum_{j=1}^{m} [\mu(X_j) \cdot W_j] \quad j=1，2，3，\cdots，m$$

隶属函数综合值 MFSV 越大，表示抗旱性越强。

2.4.2 主成分分析法

水稻抗旱性鉴定指标间关系错综复杂、相互影响和制约。主成分分析可以将多个相互关联的数量性状综合为少数几个主成分，由于主成分为综合变量且相互独立，所以用主成分值作为指标，可以比较准确地了解各性状的综合表现，同时根据各自贡献率大小可以确定其相对重要性。以此为基础，再采用隶属函数加权法，可以比较科学地对各品种的抗旱性进行综合评价（王天行等，1992；李贵全等，2006）。当所提取主成分的特征值的贡献率≥80%，就能用其概括性地分析事物的属性。各主成分的权重根据如下公式确定。

$$W_j = V_j \Big/ \sum_{j=1}^{n} V_j \quad j = 1, 2, 3, \cdots, m$$

式中，V_j 表示选取的第 j 个主成分综合指标的方差贡献率。

$$\text{PCASV} = \sum_{j=1}^{m} \left[\mu(X_j) \cdot W_j \right] \quad j = 1, 2, 3, \cdots, m$$

式中，$\mu(X_j)$ 表示选取的第 j 个主成分综合指标的隶属值。

主成分综合值（Principal component analysis synthesis value，PCASV）值越大，表示抗旱性越强。

3 水稻抗旱性鉴定指标筛选与体系建立

3.1 不同时期抗旱性鉴定指标的干旱胁迫效应

水稻抗旱性为复杂的数量性状，受多基因控制，同一作物或同一品种在不同时期的抗旱机理也不尽相同（舒烈波，2010）。

3.1.1 水稻芽期抗旱性鉴定指标的干旱胁迫效应

3.1.1.1 芽期根芽指标

干旱胁迫下种子萌发的形态建成可以直观地反映种子萌发情况。从表3-1、表3-2可知，最长根长受干旱胁迫而显著降低，且随干旱胁迫程度增加降幅更大，川香29B NIILs在T5、T10、T15、T20下分别降低了11%、20%、25%、42%；不同材料对干旱胁迫耐受程度不同，抗旱性强的材料（品种）降低幅度较小，川香29B NIILs在5% PEG浓度处理下NL2、NL3表现出增长，主推品种GY99、FYY188、N6Y138、DX4923在20% PEG浓度处理下表现出增长。干旱胁迫降低了根系活力，在轻度胁迫下，下降较小，部分材料反而增加；随胁迫程度增加，根系活力显著下降。

表 3-1　川香 29B NIILs 芽期不同 PEG 浓度对最长根长和根系活力相对值的影响

Table 3-1　Relative value of maximum root length and root activity of Chuanxiang 29B NIILs under different PEG concentration at germination stage

供试材料 Tested material	最长根长 Maximum root length				根系活力 Root activity			
	T5	T10	T15	T20	T5	T10	T15	T20
NL1	0.71defg	0.68defg	0.66defg	0.62defg	0.45i	0.41jk	0.34mn	0.45i
NL2	1.02ab	0.75bcdef	0.73cdef	0.51fg	0.66g	0.43ij	0.57h	0.36m
NL3	1.28a	0.99bc	0.84bcd	0.78bcdef	0.85d	0.70f	0.57h	0.43ij
NL4	0.79bcde	0.80bcde	0.84bcd	0.54efg	1.22b	0.79e	0.40kl	0.55h
NL5	0.73cdef	0.79bcde	0.80bcde	0.60defg	1.22b	1.10c	0.54h	0.37lm
NL6	0.82bcd	0.81bcd	0.64defg	0.45g	1.56a	0.56h	0.41ijk	0.33n

（续表）

供试材料 Tested material	最长根长 Maximum root length				根系活力 Root activity			
	T5	T10	T15	T20	T5	T10	T15	T20
平均 Average	0.89(a)	0.80(ab)	0.75(b)	0.58(c)	0.99(a)	0.67(b)	0.47(c)	0.41(d)
T：干旱胁迫 Drought stress	15.01**				5 920.67**			
C：材料 Tested material	7.24**				1 313.97**			
T×C	1.53				788.43**			

注：同列数据后不带括号的不同小写字母表示不同材料指标相对值的均值差异显著（P<0.05），同列数据后带括号的不同小写字母表示不同干旱胁迫下指标相对值的均值差异显著（P<0.05）；*、**分别表示P<0.05、0.01的显著水平，下同。

Note：Different lowercase letters without bracket in the same column indicate a significant difference (P<0.05) among the mean value of indices relative value of different tested materials. Different lowercase letters in bracket in the same column indicate significant difference (P<0.05) among the mean value of indices relative value under different drought stress. *, ** means significance at the 0.05 and 0.01 level, respectively. The same as the following table.

从表3-2可知，干旱胁迫下，仅GY99的根干重略有增加，比对照提高了7.8%。除此外，主推品种的根数、根干重、芽长、芽干重均有不同程度降低，品种间和干旱胁迫间均有显著差异。其中，对根干重、芽长、芽干重来说，抗旱性强的品种其相对值更大，表明受抑制程度更低；根数变化趋势不明显。根芽比受干旱胁迫表现不一，在品种间差异达显著水平，而干旱胁迫间无显著差异（F=0.05）。可见，水稻种子萌发阶段，水稻根、芽生长与其抗旱性具有较紧密的关系。

表3-2　主推品种芽期干旱胁迫对根、芽相对值的影响（20% PEG）
Table 3-2　Relative value of root and bud of main popularized rice varieties under germination stage drought stress

品种代号 Variety code	最长根长 Maximum root length	根数 Root number	根干重 Root dry weight	芽长 Bud length	芽干重 Bud dry weight	根芽比 Root-shoot ratio
HY399	0.819	0.655	0.601	0.767	0.710	0.832
CY6203	0.585	0.752	0.833	0.811	0.818	1.018
HY523	0.434	0.692	0.658	0.685	0.703	0.930
CXY6H	0.705	0.886	0.624	0.739	0.752	0.833

（续表）

品种代号 Variety code	最长根长 Maximum root length	根数 Root number	根干重 Root dry weight	芽长 Bud length	芽干重 Bud dry weight	根芽比 Root-shoot ratio
CY3727	0.549	0.717	0.593	0.815	0.833	0.724
CY5108	0.825	0.787	0.814	0.755	0.682	1.184
HX7021	0.729	0.680	0.582	0.758	0.781	0.748
GY900	0.886	0.839	0.799	0.866	0.684	1.182
GY99	1.185	0.767	1.078	0.907	0.929	1.157
FYY188	1.111	0.846	0.738	0.817	0.663	1.115
N6Y138	1.221	0.795	0.739	0.834	0.770	0.964
YX907	0.554	0.746	0.561	0.558	0.523	1.069
YX2079	0.923	0.721	0.700	0.646	0.562	1.245
YX2115	0.892	0.712	0.881	0.754	0.567	1.546
YX3724	0.774	0.670	0.521	0.712	0.564	0.920
NX8514	0.805	0.736	0.704	0.681	0.686	1.029
DX4923	1.204	0.741	0.646	0.877	0.748	0.875
LY137	0.523	0.742	0.563	0.651	0.668	0.840
CX308	0.564	0.760	0.840	0.758	0.602	1.383
RY908	0.909	0.720	0.564	0.801	0.688	0.820
平均 Average	0.810	0.748	0.702	0.760	0.697	1.021
T：干旱胁迫 Drought stress	13.99**	348.48**	88.42**	117.30**	133.00**	0.05
C：品种 Variety	4.25**	23.00**	4.82**	2.50*	4.07**	2.56*
T×C	7.19**	0.99	3.21**	4.85**	3.11**	6.89**

3.1.1.2 芽期萌发指标

水稻种子的萌发指标反映了种子萌动和物质利用。从表3-3、表3-4可知，干旱胁迫下，发芽势、发芽率、萌发抗旱系数总体上表现出降低趋势，且胁迫程度越严重降幅越明显，但不同材料间表现不一。川香29B NIILs发芽势、发芽率、萌发抗旱系数在轻、中度胁迫下基本未受抑制；在20%PEG浓度胁迫下，萌发抗旱系数平均相对值为0.91，而发芽势、发芽率相对值为0.99、0.99。绝大部分主推品种发芽势、发芽率、萌发抗旱系数受干旱胁迫均降低，萌发抗旱系数、发芽势受抑程度高于发芽率；少部分品种比对照升高；发芽势、发芽率、萌发抗旱系数在品种间和处理间均达极显著差异，且抗旱性强的品种降低更小。萌发抗旱系数受胁迫影响大于发芽势和发芽率。

干旱胁迫下，剩余种子干重有所提高，且随胁迫程度提高而逐渐增加，但不同材料间有所不同。其中，川香 29B NIILs 在各胁迫浓度下，抗旱性强的材料剩余种子干重相对更低。主推品种在干旱胁迫下同样均为升高，且在品种间和胁迫处理间均达极显著差异，但性状表现与抗旱性无明显关系。

对于发芽指数、活力指数、储藏物质转化率来说，主推品种各指标均受干旱胁迫有不同程度降低，且抗旱性强的品种降低幅度更小，在品种间和干旱胁迫间差异均达极显著水平；储藏物质转化率、活力指数受抑程度高于发芽指数。而德香 4923 的发芽指数、活力指数比对照分别提高了 6.7%、1.6%，表现出增长效应。

可见，水稻种子萌发阶段，干旱胁迫会影响种子萌发，抑制胚乳中物质能量转化，但不同材料间表现有所差异。

表 3-3　川香 29B NIILs 芽期不同 PEG 浓度对萌发指标相对值的影响

Table 3-3　Relative value of germination indices of Chuanxiang 29B NIILs under different PEG concentration at germination stage

干旱胁迫 Drought stress	供试材料 Tested material	发芽势 Germination potential	发芽率 Germination rate	萌发抗旱系数 Germination coefficient of drought	剩余种子干重 Residual seed dry weight
	NL1	1.00ab	1.00ab	1.00a	1.16ghi
	NL2	0.99abc	0.98abc	0.98abc	1.13hi
	NL3	1.00abc	0.99abc	1.00ab	1.08i
T5	NL4	1.00a	0.99ab	1.01a	1.37cde
	NL5	1.00abc	0.99abc	1.00a	1.39abcd
	NL6	1.01a	1.00ab	1.00a	1.33def
	平均 Average	1.00 (ab)	0.99 (a)	1.00 (a)	1.24 (d)
	NL1	1.00ab	1.00ab	1.01a	1.22fgh
	NL2	1.01a	1.00a	1.00a	1.18ghi
	NL3	1.00abc	0.99abc	0.99abc	1.18ghi
T10	NL4	1.00abc	0.99ab	0.99abc	1.38bcde
	NL5	1.01a	1.00ab	1.00a	1.40abcd
	NL6	1.00a	1.00ab	0.99abc	1.33def
	平均 Average	1.00 (a)	1.00 (a)	1.00 (a)	1.28 (c)

干旱胁迫 Drought stress	供试材料 Tested material	发芽势 Germination potential	发芽率 Germination rate	萌发抗旱系数 Germination coefficient of drought	剩余种子干重 Residual seed dry weight
T15	NL1	1.00abc	1.00ab	0.99abc	1.25efgh
	NL2	0.98c	0.97c	0.93ef	1.25efgh
	NL3	0.99abc	1.00ab	0.98abcd	1.20fhhi
	NL4	1.01a	1.00ab	1.00a	1.39abcd
	NL5	1.00abc	0.99abc	0.99abc	1.48abc
	NL6	1.00abc	0.99ab	0.98abcd	1.38bcde
	平均 Average	0.99（ab）	0.99（a）	0.98（b）	1.33（b）
T20	NL1	0.98bc	0.98bc	0.96cde	1.26defg
	NL2	1.00abc	0.99abc	0.78h	1.29defg
	NL3	0.98c	0.99abc	0.92fg	1.23fgh
	NL4	0.99abc	0.99abc	0.96bcde	1.47abc
	NL5	1.00abc	1.00ab	0.95def	1.52ab
	NL6	1.00a	1.00ab	0.90g	1.53a
	平均 Average	0.99（b）	0.99（a）	0.91（c）	1.38（a）
T：干旱胁迫 Drought stress		2.71	1.22	73.41**	12.41**
C：材料 Tested material		0.99	1.07	18.55**	32.85**
T×C		0.72	1.28	7.71**	0.50

表3-4 主推品种芽期干旱胁迫对萌发指标相对值的影响（20% PEG）

Table 3-4 Relative value of germination indices of main popularized rice varieties under germination stage drought stress

品种代号 Variety code	发芽势 GP	发芽率 GR	萌发抗旱 系数 GIDC	剩余种子 干重 RSDW	发芽 指数 BI	活力指数 VI	储藏物质 转化率 SMCR
HY399	1.000	1.000	0.966	1.423	0.942	0.733	0.591
CY6203	0.973	0.993	0.950	1.710	0.948	0.692	0.666
HY523	0.973	1.000	0.936	1.206	0.952	0.564	0.652
CXY6H	0.966	0.993	1.054	1.201	1.067	0.775	0.651
CY3727	0.966	1.000	0.958	1.318	0.977	0.704	0.665
CY5108	0.906	0.973	0.908	1.537	0.858	0.670	0.624
HX7021	0.980	1.000	0.946	1.374	0.957	0.712	0.616
GY900	0.899	0.973	0.913	1.765	0.865	0.756	0.627

（续表）

品种代号 Variety code	发芽势 GP	发芽率 GR	萌发抗旱系数 GIDC	剩余种子干重 RSDW	发芽指数 BI	活力指数 VI	储藏物质转化率 SMCR
GY99	0.973	0.980	0.906	1.445	0.896	0.904	0.780
FYY188	0.993	1.000	0.922	1.396	0.894	0.821	0.608
N6Y138	0.986	1.007	0.980	1.302	0.969	0.925	0.702
YX907	0.740	0.826	0.731	1.649	0.730	0.408	0.436
YX2079	0.871	0.959	0.830	1.393	0.798	0.597	0.572
YX2115	0.873	0.939	0.837	1.346	0.822	0.664	0.611
YX3724	0.709	0.757	0.689	1.265	0.658	0.479	0.518
NX8514	0.937	0.912	0.905	1.329	0.921	0.669	0.635
DX4923	0.953	0.973	1.145	1.211	1.067	1.016	0.663
LY137	0.871	0.946	0.893	1.596	0.878	0.537	0.519
CX308	0.920	1.000	0.821	1.464	0.802	0.550	0.644
RY908	0.870	0.987	0.845	1.212	0.859	0.724	0.618
平均 Average	0.918	0.961	0.907	1.407	0.893	0.695	0.620
T：干旱胁迫 Drought stress	23.73**	7.62*	19.12**	231.97**	24.08**	76.21**	308.72**
C：品种 Variety	4.36**	3.76**	2.57*	22.71**	7.64**	6.55**	12.95**
T×C	3.76**	5.82**	6.48**	2.46**	4.40**	5.75**	2.37**

3.1.1.3 芽期生理指标

（1）渗透调节物质

可溶性蛋白具有较强的亲水性，可以增强细胞持水能力，参与细胞渗透调节。从表3-5可知，在干旱胁迫下，可溶性蛋白含量比对照增加，随胁迫浓度提高而呈先降后升的趋势；材料间差异达显著水平，且在 T10、T15 处理下，抗旱性强的材料其相对值更低，NL2、NL3 的相对值均小于1。

脯氨酸、可溶性糖等小分子物质可以参与渗透调节，以抵御干旱、低温等逆境胁迫。从表3-6可知，可溶性糖、脯氨酸含量在干旱胁迫下上升，并且，可溶性糖在品种间和干旱胁迫间差异均达极显著水平（$F = 3.94$**，$F = 27.53$**），脯氨酸在干旱胁迫间差异达极显著水平（$F = 10.17$**），品种间无显著变化。

表 3-5 川香 29B NIILs 芽期不同 PEG 浓度对生理指标相对值的影响

Table 3-5 Physiological indices relative value at germination stage of Chuanxiang 29B NIILs under different PEG concentration

干旱胁迫 Drought stress	供试材料 Tested material	可溶性蛋白质 SPC	超氧化物歧化酶 SOD	过氧化物酶 POD	丙二醛 MDA	生长素 IAA	赤霉素 GA	细胞分裂素 CTK	脱落酸 ABA	乙烯 ETH
T5	NL1	2.11h	3.99d	1.18fghi	1.56j	1.02b	0.77ab	1.01b	1.12jk	1.41j
	NL2	1.46k	3.12e	1.37ef	1.06q	1.04b	0.71c	1.02b	1.09kl	1.36jk
	NL3	2.62f	1.23jklm	0.92hijkl	0.97s	1.07a	0.76b	1.05a	1.04m	1.28klm
	NL4	1.89i	2.14fghi	1.31efg	1.02r	1.03b	0.77ab	1.01b	1.07lm	1.25lm
	NL5	2.79de	0.92klmn	0.69kl	1.03r	1.02b	0.73c	1.02b	1.13jk	1.23m
	NL6	2.40g	0.53mno	0.86ijkl	1.14p	1.03b	0.79a	1.02b	1.09kl	1.34jkl
	平均 Average	2.21 (a)	1.99 (c)	1.06 (c)	1.13 (d)	1.03 (a)	0.75 (a)	1.03 (a)	1.09 (d)	1.31 (d)
T10	NL1	1.36k	5.49c	1.59de	1.02r	0.79h	0.54g	0.83ij	1.64c	2.04fg
	NL2	0.40no	4.41d	1.84cd	1.19n	0.79h	0.48jk	0.82j	1.55de	2.12ef
	NL3	0.30o	6.41b	2.43b	1.13p	0.79h	0.61e	0.84ij	1.42f	1.65i
	NL4	2.99c	1.67ghijk	0.91hijkl	1.93b	0.80h	0.56f	0.84i	1.37g	1.71i
	NL5	3.33b	0.62lmno	0.6l	1.82d	0.83g	0.51hi	0.86h	1.68bc	1.62i
	NL6	2.71ef	0.65lmno	0.77kl	1.79e	0.88f	0.6e	0.89g	1.51e	1.89h
	平均 Average	1.85 (c)	3.21 (a)	1.36 (b)	1.48 (c)	0.81 (c)	0.55 (b)	0.85 (c)	1.53 (b)	1.84 (c)
T15	NL1	2.12h	4.70cd	1.21fgh	1.74f	0.58l	0.49ij	0.67m	1.89a	2.58b
	NL2	0.47n	2.34efgh	2.74a	1.43l	0.61k	0.65d	0.68m	1.71b	2.70a
	NL3	0.89m	2.05fghij	2.06c	1.18o	0.57l	0.61e	0.67m	1.56d	2.01g
	NL4	2.1h	1.42ijkl	0.68kl	1.4m	0.63jk	0.52gh	0.70l	1.52de	2.05fg
	NL5	1.70j	0.52mno	0.81jkl	1.59i	0.65ij	0.49ij	0.72i	1.91a	2.02g
	NL6	2.01hi	0.76lmno	1ghijk	1.7g	0.67i	0.5hij	0.74k	1.69b	2.27d
	平均 Average	1.55 (d)	1.97 (c)	1.42 (b)	1.51 (b)	0.62 (d)	0.54 (b)	0.70 (d)	1.71 (a)	2.27 (a)

（续表）

干旱胁迫 Drought stress	供试材料 Tested material	可溶性蛋白质 SPC	超氧化物歧化酶 SOD	过氧化物酶 POD	丙二醛 MDA	生长素 IAA	赤霉素 GA	细胞分裂素 CTK	脱落酸 ABA	乙烯 ETH
	NL1	0.85m	7.39a	2.04c	2.05a	0.96c	0.41m	0.97c	1.42f	2.39c
	NL2	0.90m	2.72ef	1.75cd	1.45k	0.91e	0.33o	0.92f	1.30h	2.55b
	NL3	1.19l	1.60hijk	1.57de	1.7g	0.93de	0.48ijk	0.95de	1.15j	1.90h
T20	NL4	1.15l	2.49efg	1.83cd	1.56j	0.95cd	0.45l	0.95cd	1.09kl	1.90h
	NL5	4.56a	0.05o	0.97hijk	1.62h	0.92e	0.35n	0.93ef	1.40fg	1.87h
	NL6	2.93cd	0.12no	1.14ghij	1.83c	0.96c	0.47kl	0.97c	1.21i	2.14e
	平均 Average	1.93 (b)	2.39 (b)	1.55 (a)	1.70 (a)	0.94 (b)	0.41 (c)	0.95 (b)	1.26 (c)	2.13 (b)
T: 干旱胁迫 Drought stress		279.1**	24.61**	24.67**	29 208.54**	2 473.04**	2 175.75**	3 365.46**	1 835.31**	1 180.04**
C: 材料 Tested material		1 767.45**	164.94**	77.96**	8 368.18**	16.59**	82.80**	26.05**	196.93**	203.95**
T×C		411.52**	17.51**	18.13**	5 867.98**	10.64**	46.39**	10.96**	14.24**	13.85**

表 3-6 主推品种芽期干旱胁迫下各生理指标的相对值（20% PEG）

Table 3-6 Physiological indices relative value of main popularized rice varieties under germination stage drought stress

品种代号 Variety code	可溶性糖 SSu	脯氨酸 Pro	超氧化物歧化酶 SOD	过氧化物酶 POD	过氧化氢酶 CAT	丙二醛 MDA	α-淀粉酶活性 α-AA	总淀粉酶活性 T-AA	β-淀粉酶活性 β-AA	幼苗相对含水量 SRWC
HY399	1.813	1.259	0.611	1.541	1.550	1.161	0.670	1.271	1.632	0.849
CY6203	1.680	0.794	0.594	1.499	1.717	1.301	1.483	2.286	2.713	0.876
HY523	1.101	1.340	0.592	1.377	1.454	1.167	0.517	1.323	1.587	0.826
CXY6H	1.181	0.990	0.593	1.899	1.437	1.407	0.721	1.114	1.209	0.824

（续表）

品种代号 Variety code	可溶性糖 SSu	脯氨酸 Pro	超氧化物歧化酶 SOD	过氧化物酶 POD	过氧化氢酶 CAT	丙二醛 MDA	α-淀粉酶活性 α-AA	总淀粉酶活性 T-AA	β-淀粉酶活性 β-AA	幼苗相对含水量 SRWC
CY3727	1.752	1.341	0.570	1.396	1.677	1.292	0.621	0.925	1.026	0.863
CY5108	1.042	1.735	0.544	1.256	1.454	1.200	0.842	1.640	2.052	0.852
HX7021	1.540	2.169	0.618	1.432	1.340	1.320	0.511	0.919	1.048	0.861
GY900	1.456	1.571	0.493	1.332	1.524	1.414	0.924	1.679	2.049	0.884
GY99	1.241	1.023	0.547	1.378	1.484	1.252	1.173	2.194	2.681	0.843
FYY188	1.593	1.174	0.522	1.280	1.808	1.156	1.038	1.306	1.402	0.854
N6Y138	1.080	1.002	0.559	1.318	1.576	1.167	0.526	1.170	1.455	0.863
YX907	2.089	2.552	0.484	1.331	1.470	1.375	0.611	1.285	1.459	0.745
YX2079	1.477	1.159	0.519	1.797	1.545	1.476	0.408	1.088	1.406	0.842
YX2115	1.557	0.938	0.472	1.574	1.485	1.301	0.821	1.244	1.366	0.843
YX3724	0.992	2.895	0.538	1.729	1.720	1.343	0.647	1.090	1.167	0.823
NX8514	0.793	0.729	0.583	1.518	1.606	1.498	0.844	1.410	1.513	0.848
DX4923	1.237	1.017	0.568	1.615	1.678	1.451	0.639	1.356	1.557	0.882
LY137	1.214	3.422	0.551	1.559	1.818	1.621	0.658	1.595	1.858	0.790
CX308	1.650	1.261	0.597	1.392	1.993	1.610	1.357	1.827	2.063	0.816
RY908	1.269	1.602	0.497	1.412	1.991	1.640	0.881	1.461	1.833	0.827
平均 Average	1.388	1.499	0.553	1.482	1.616	1.358	0.795	1.409	1.654	0.841
T: 干旱胁迫 Drought stress	27.53**	10.17**	423.59**	199.11**	735.63**	89.84**	10.19**	22.89**	42.49**	457.01**
C: 品种 Variety	3.94**	1.12	6.89**	6.15**	16.11**	5.15**	6.15**	6.09**	5.21**	9.59**
T×C	1.67	3.88**	14.50**	16.44**	4.20**	21.15**	2.87**	2.20**	1.78*	2.77**

（2）抗氧化指标

抗氧化酶系统可以有效清除植物体内活性氧，是植物体遭受逆境胁迫时重要的防御体系。从表3-5、表3-6可知，在干旱胁迫下POD、MDA均随胁迫程度加重而逐渐提高。其中，川香29B NIILs的POD、MDA分别在材料间、胁迫处理间差异达显著水平，且抗旱性强的材料POD活性更高而MDA含量更少。主推品种的POD、MDA在品种和胁迫处理间均达极显著差异。

SOD活性在不同材料间表现不一，川香29B NIILs在干旱胁迫下SOD活性上升，抗旱性强的材料上升幅度更高；主推品种SOD活性在20%PEG浓度胁迫下降低，品种间差异不明显。对于CAT来说，干旱胁迫提高了主推品种酶活性，且在品种间和干旱胁迫间均达极显著差异。

（3）激素含量指标

激素是植物体内合成的对生长发育有显著作用的微量生理活性有机物，其中生长素、赤霉素、细胞分裂素属于生长促进物质，脱落酸和乙烯属于生长抑制物质。从表3-5可知，干旱胁迫提高了ABA、ETH含量，且随胁迫程度加重而呈先升后降的趋势，在T15处理下达最高，分别提高了71%、127%；抗旱性强的材料ABA的增幅相对较小。干旱胁迫下，IAA、CTK含量均随胁迫程度加重而呈先降后升的趋势，干旱胁迫间差异达极显著水平；在轻度干旱胁迫下，二者含量平均提高3%，表现出增长趋势，而其余胁迫下相对值均小于1；在T15处理下二者分别降为对照的62%、70%，为各处理的最低值。各干旱胁迫均降低了GA含量，且随胁迫程度加重而逐渐降低，干旱胁迫间差异达极显著水平，T5、T10、T15、T20处理下分别比对照降低了25%、45%、46%、59%。

（4）淀粉酶

淀粉酶是一类作用于淀粉、糖原等的水解酶，可水解产生糊精、麦芽寡糖、麦芽糖和葡萄糖等，在禾谷类种子萌发过程中，水解淀粉供给萌发物质和能量。从表3-6可知，干旱胁迫降低了α-淀粉酶活性，提高了总淀粉酶活性和β-淀粉酶活性，品种间和干旱胁迫间差异均达极显著水平，且互作效应显著。其中，α-淀粉酶活性相对值0.408~1.483，有4个品种大于1；β-淀粉酶活性相对值在1.026~2.713；总淀粉酶活性相对值在0.919~2.286。CY6203、GY99、CX308这3个品种的α-淀粉酶活性、总淀粉酶活性、β-淀粉酶活性均排在前3，其酶活性在各品种间最强。

（5）相对含水量

种子萌发过程中的生理生化作用均离不开水，在干旱胁迫下，植株体内含水量的高低影响着体内一系列物质转运、转化，反映了幼苗吸水能力大小。从表3-6可知，干旱胁迫下，各品种幼苗相对含水量均降低，品种间和干旱胁迫间均达极显著差异。同时，抗旱性强的品种相对含水量更高，GY900、DX4923、CY6203的相对含水量居于前3，其相对含水量分别为0.884、0.882、0.876。

3.1.2 水稻苗期抗旱性鉴定指标的干旱胁迫效应

3.1.2.1 苗期形态指标

（1）水稻苗期根系形态

从表3-7可得，第1次干旱胁迫后，平均总根长增加，NL1、NL2、NL4、NL6的总根长分别增长33.74%、33.12%、1.82%、16.02%；第2次干旱胁迫后，平均总根长降低，但NL1、NL2、NL6表现增加。平均根粗、根表面积、根体积在第1次和第2次干旱胁迫后均降低；根粗、根体积在所有材料中均呈降低趋势，根表面积在第1次干旱胁迫后NL1、NL2、NL6表现增加，第2次干旱胁迫后仅NL1表现增加。可见，在反复干旱胁迫后会导致水稻根系变细，根表面积、根体积减小，根长先升后降。

表3-7 川香29B NIILs 苗期干旱对根系形态指标的影响

Table 3-7 Root morphological indices of Chuanxiang 29B NIILs under seedling-stage drought stress

处理 Treatment	参试材料 Tested material	总根长 Total root length （cm）	根粗 Root diameter （mm）	根表面积 Root surface area （cm²）	根体积 Root volume （mm³）	株高 Plant height （cm）
	NL1	23.18b	0.26b	1.94c	12.13e	14.65bc
正常浇水	NL2	20.64b	0.25bc	1.73d	11.84e	14.39bc
Normal	NL3	30.16a	0.24c	2.58b	17.36b	15.79bc
watering	NL4	28.62a	0.31a	2.67b	18.96a	16.36ab
	NL5	32.21a	0.23c	2.94a	15.60c	18.39a
第1次 干旱胁迫	NL6	28.15a	0.27b	2.14c	13.50d	13.96c
First drought	平均值 Average	27.16（b）	0.26（a）	2.34（a）	14.90（a）	15.59（a）
stress	NL1	31.00ab	0.19b	2.55a	9.22c	14.99ab
treatment	NL2	27.27bc	0.23a	1.94c	10.97b	15.31ab
	干旱胁迫	NL3	26.44c	0.23a	2.06c	10.88b	16.74a
Drought	NL4	29.14abc	0.22a	2.01c	8.38d	16.85a
stress	NL5	28.10bc	0.22a	2.05c	12.35a	16.75a
	NL6	32.66a	0.22a	2.32b	12.69a	13.42b
	平均值 Average	29.10（a）	0.22（b）	2.15（b）	10.75（b）	15.67（a）

（续表）

处理 Treatment		参试材料 Tested material	总根长 Total root length （cm）	根粗 Root diameter （mm）	根表面积 Root surface area （cm²）	根体积 Root volume （mm³）	株高 Plant height （cm）
第2次 干旱胁迫 Second drought stress treatment	正常浇水 Normal watering	NL1	33.75a	0.27b	2.84c	18.17b	15.67cd
		NL2	26.18b	0.29a	2.41e	16.85c	16.02bcd
		NL3	36.47a	0.25b	3.28a	21.88a	17.21abc
		NL4	34.07a	0.27b	3.06b	21.36a	17.69ab
		NL5	34.80a	0.23c	3.15ab	21.07a	18.91a
		NL6	33.91a	0.25b	2.60d	16.72c	14.88d
	平均值 Average		33.20（a）	0.26（a）	2.89（a）	19.34（a）	16.73（a）
	干旱胁迫 Drought stress	NL1	37.12a	0.17c	3.33a	15.97a	15.56ab
		NL2	28.85c	0.23b	2.22c	13.59b	15.53ab
		NL3	28.70c	0.23b	2.21cd	13.27b	16.81a
		NL4	30.60c	0.26a	2.05d	10.75c	17.17a
		NL5	28.28c	0.21b	2.27c	13.85b	17.25a
		NL6	34.02b	0.22b	2.60b	15.46a	14.71b
	平均值 Average		31.26（b）	0.22（b）	2.45（b）	13.81（b）	16.17（a）

（2）株高

从表3-7可得，株高在第1次干旱胁迫后略有增加，但差异不显著，NL1、NL2、NL3、NL4分别增加了2.32%、6.39%、6.02%、3.00%。在第2次干旱胁迫后略有降低，差异也不显著，且各材料株高均降低。

3.1.2.2　苗期生长指标

（1）干旱胁迫后水稻幼苗存活率

从表3-8可知，参试材料经过2次反复干旱后，幼苗存活率显著下降，不同川香29B NIILs降幅不同，其中NL1的反复干旱存活率最高，NL3、NL4的反复存活率最低。

表3-8　川香29B NIILs苗期干旱存活率

Table 3-8　Survival rate of Chuanxiang 29B NIILs under seedling-stage drought stress

参试材料 Tested material	第1次干旱存活率 SRFD（%）	第2次干旱存活率 SRSD（%）	反复干旱存活率 SRRD（%）
NL1	90.86a	82.86a	86.86a
NL2	81.36bc	75.69b	78.53b
NL3	76.68cd	66.34c	71.51c
NL4	74.88d	70.55c	72.72c

参试材料 Tested material	第 1 次干旱存活率 SRFD（%）	第 2 次干旱存活率 SRSD（%）	反复干旱存活率 SRRD（%）
NL5	83.67b	79.00ab	81.33b
NL6	81.91bc	76.91b	79.41b

注：SRFD 表示第一次干旱后存活率；SRSD 表示第二次干旱后存活率；SRRD 表示反复干旱存活率。

Note：SRFD－The survival rate after first drought；SRSD－The survival rate after second drought；SRRD－The survival rate under repeated drought. The same as below.

（2）水稻苗期干物质积累量及根冠比

从表 3-9 可得，反复干旱胁迫会抑制水稻地上部生长，减少地上部干物质积累量，但增加根系的干重以及根冠比。第 1 次干旱胁迫后，NL1、NL2、NL3、NL4、NL5 和 NL6 地上部干物质积累量分别减少 21.85%、14.82%、-4.05%、-7.18%、8.43% 和 -9.42%；根系重量增幅分别为 0.61%、3.70%、19.03%、28.16%、38.43%和32.37%；根冠比增幅分别为

表 3-9　川香 29B NIILs 苗期干旱对干物质积累量及根冠比的影响
Table 3-9　Plant dry weight and root-shoot ratio of Chuanxiang
29B NIILs under seedling-stage drought stress

处理 Treatment	参试材料 Tested material	第 1 次干旱胁迫 First drought stress treatment			第 2 次干旱胁迫 Second drought stress treatment		
		地上部干重 Dry weight of aboveground （mg/株）	根系干重 Dry weight of root （mg/株）	根冠比 Root-shoot ratio （×100）	地上部干重 Dry weight of aboveground （mg/株）	根系干重 Dry weight of root （mg/株）	根冠比 Root-shoot ratio （×100）
正常浇水 Normal watering	NL1	53.02a	13.11b	24.73c	70.45a	14.16c	20.10c
	NL2	50.46a	14.06ab	27.86bc	66.99b	15.33b	22.88c
	NL3	47.53b	14.23ab	29.93b	64.92b	16.36ab	25.21b
	NL4	47.15b	13.07b	27.71bc	59.58c	13.72c	23.03c
	NL5	49.34a	15.07a	30.54b	66.28b	17.93a	27.05ab
	NL6	36.72c	13.20b	35.94a	48.23d	13.73c	28.46a
平均值 Average		47.37（a）	13.79（b）	29.45（b）	62.74（a）	15.20（b）	24.45（b）
干旱胁迫 Drought stress	NL1	41.43b	13.19c	31.83b	48.13c	14.84d	30.83b
	NL2	42.98b	14.58c	33.92b	51.61b	16.77c	32.49b
	NL3	49.46a	16.93b	34.24b	62.33a	19.98ab	32.06b
	NL4	50.54a	16.75b	33.14b	57.80ab	18.92b	32.74b
	NL5	45.18a	20.86a	46.16a	55.56b	23.78a	42.79a
	NL6	40.18b	17.47b	43.48a	47.48c	20.27ab	42.68a
平均值 Average		44.96（b）	16.63（a）	37.13（a）	53.82（b）	19.09（a）	35.60（a）

28. 74%、21. 75%、14. 40%、19. 57%、51. 18% 和 20. 98%，平均增幅为 26%。第 2 次干旱胁迫后，NL1、NL2、NL3、NL4、NL5 和 NL6 地上部干物质积累量分别减少 31. 68%、22. 95%、3. 99%、2. 99%、16. 17% 和 1. 56%；根系增幅分别为 4. 80%、9. 40%、22. 10%、37. 93%、32. 63% 和 47. 64%；根冠比增幅为 53. 40%、41. 98%、27. 18%、42. 17%、58. 22% 和 49. 98%，平均增幅为 45%。干旱胁迫后，根系重量显著增加，进一步提高根冠比是水稻苗期适应外界干旱环境的重要变化。

3. 1. 2. 3　苗期生理指标

（1）水稻叶片 SPAD 值和色素含量

从表 3-10 可得，干旱胁迫会显著降低秧苗叶片 SPAD 值、叶绿素 a 和叶绿素 b 含量，进而减少干物质合成能力，最终抑制秧苗地上部生长。第 1 次干旱胁迫后，NL1、NL2、NL3、NL4、NL5 和 NL6 的 SPAD 值分别降低 12. 22%、10. 30%、7. 61%、0. 53%、3. 35% 和 4. 89%，叶绿素 a 的含量分别下降 3. 73%、3. 80%、12. 96%、2. 45%、6. 51 和 0. 62%，叶绿素 b 的含

表 3-10　川香 29B NIILs 苗期干旱对叶片色素含量的影响

Table 3-10　Leaf pigment content of Chuanxiang

29B NIILs under seedling-stage drought stress

处理 Treatment	参试材料 Tested material	第1次干旱胁迫 First drought stress treatment				第2次干旱胁迫 Second drought stress treatment			
		SPAD	叶绿素a含量 Chl-a (mg/g)	叶绿素b含量 Chl-b (mg/g)	类胡萝卜素含量 Car (mg/g)	SPAD	叶绿素a含量 Chl-a (mg/g)	叶绿素b含量 Chl-b (mg/g)	类胡萝卜素含量 Car (mg/g)
正常浇水 Normal watering	NL1	32. 25ab	1. 61c	1. 54b	0. 25c	33. 60a	1. 65ab	1. 41b	0. 30a
	NL2	34. 18a	1. 58b	1. 85a	0. 10e	33. 15a	1. 59b	1. 78a	0. 13c
	NL3	34. 30a	1. 62a	1. 70b	0. 17d	32. 85a	1. 65ab	1. 25b	0. 37a
	NL4	32. 28ab	1. 63a	1. 28c	0. 35b	33. 88a	1. 57b	0. 42c	0. 22b
	NL5	28. 97c	1. 69a	1. 56b	0. 26c	27. 64b	1. 82a	0. 34c	0. 18bc
	NL6	29. 85bc	1. 62a	1. 05d	0. 45a	26. 85b	1. 61b	0. 43c	0. 22b
平均值 Average		31. 97(a)	1. 63(a)	1. 50(a)	0. 26(a)	31. 33(a)	1. 65(a)	0. 94(a)	0. 24(b)
干旱胁迫 Drought stress	NL1	28. 31b	1. 55ab	1. 32b	0. 10d	28. 24b	0. 99d	0. 39b	0. 21d
	NL2	30. 66ab	1. 52ab	1. 29b	0. 12c	30. 14ab	1. 25c	0. 51ab	0. 28c
	NL3	31. 69a	1. 41b	0. 95d	0. 26a	31. 72a	1. 28c	0. 54a	0. 26c
	NL4	32. 11a	1. 59a	1. 18c	0. 06e	29. 83ab	1. 36b	0. 38c	0. 28c
	NL5	28. 00b	1. 58ab	1. 54a	0. 06e	25. 88c	1. 60a	0. 29d	0. 43a
	NL6	28. 39b	1. 61a	0. 98d	0. 22b	25. 24c	1. 56a	0. 39b	0. 38b
平均值 Average		29. 86(b)	1. 54(b)	1. 21(b)	0. 14(b)	28. 51(b)	1. 34(b)	0. 42(b)	0. 31(a)

量分别下降 14.29%、30.27%、44.12%、7.81%、1.28% 和 6.67%；第 2 次干旱胁迫后，NL1、NL2、NL3、NL4、NL5 和 NL6 的 SPAD 值分别降低 15.95%、9.08%、3.44%、11.95%、6.37% 和 6.00%，叶绿素 a 的含量分别下降 40.00%、21.38%、22.42%、13.38%、12.09% 和 3.11%，叶绿素 b 的含量分别下降 72.34%、71.35%、56.80%、9.52%、14.71% 和 9.30%。类胡萝卜素在第 1 次干旱胁迫后降低，第 2 次干旱胁迫后反而增加。

（2）水稻叶片渗透性物质与还原性物质

从表 3-11 可得，干旱胁迫会显著影响水稻幼苗叶片中各类渗透物质。经过第 1 次干旱胁迫，水稻叶片中可溶性糖、氨基酸、维生素 C 含量平均分别下降 19.25%、7.77% 和 11.71%；可溶性蛋白质、还原性谷胱甘肽、脯氨酸含量平均增加 83.96%、9.71% 和 17.79%。经过第 2 次干旱胁迫后，水稻幼苗叶片中可溶性糖、氨基酸、还原型谷胱甘肽、维生素 C 含量平均下降 5.59%、2.42%、13.16% 和 19.76%，蛋白质、脯氨酸含量平均增加 9.77% 和 35.70%。可见，反复干旱胁迫后可溶性糖、氨基酸、维生素 C 含量均下降，可溶性蛋白质、脯氨酸含量均上升，还原性谷胱甘肽含量先升后降。

表 3-11　川香 29B NIILs 苗期干旱对叶片渗透调节和还原性物质的影响

Table 3-11　Leaf osmoregulation and reducing substance of Chuanxiang 29B NIILs under seedling-stage drought stress

处理 Treatment		参试材料 Tested material	可溶性糖 SSu (mg/g)	氨基酸 AA (μmol/g)	可溶性蛋白含量 SPC (mg/g)	脯氨酸 Pro (ng/g)	还原型谷胱甘肽 GSH (μmol/g)	维生素 C Vc (μg/g)
第 1 次干旱胁迫 First drought stress treatment	正常浇水 Normal watering	NL1	35.39a	47.96d	87.21a	5.47e	1.14a	29.01e
		NL2	28.18b	65.36a	92.28a	6.65b	1.07b	36.84b
		NL3	22.30cd	60.93b	61.75b	4.91f	0.83d	31.62d
		NL4	23.91c	61.00b	83.98a	6.15c	1.06b	26.83f
		NL5	20.89d	53.60c	64.55b	7.31a	0.99c	38.73a
		NL6	22.02cd	48.78d	58.35b	5.91d	1.07b	33.79c
	平均值 Average		25.45(a)	56.27(a)	74.69(b)	6.07(b)	1.03(b)	32.80(a)
	干旱胁迫 Drought stress	NL1	21.79b	61.24a	187.01b	7.01d	1.30a	30.46c
		NL2	17.01c	58.46ab	196.71a	8.08b	1.11b	24.66e
		NL3	18.79c	53.64c	187.77ab	8.77a	1.31a	32.92b
		NL4	18.54c	32.96e	105.40c	6.26e	1.12b	27.12d
		NL5	24.84a	57.31b	79.13d	7.67c	0.95c	35.39a
		NL6	22.33b	47.76d	68.41e	5.11f	0.98c	23.21f
	平均值 Average		20.55(b)	51.90(b)	137.40(a)	7.15(a)	1.13(a)	28.96(b)

(续表)

处理 Treatment	参试材料 Tested material	可溶性糖 SSu （mg/g）	氨基酸 AA （μmol/g）	可溶性 蛋白含量 SPC （mg/g）	脯氨酸 Pro （ng/g）	还原型 谷胱甘肽 GSH （μmol/g）	维生素 C Vc （μg/g）
	NL1	25.08ab	32.69d	71.78b	7.34d	1.41b	54.83c
	NL2	24.43b	88.22a	85.54a	4.34f	1.75a	58.31b
正常浇水 Normal watering	NL3	18.28c	20.95e	73.77b	7.67c	0.86e	50.77d
	NL4	19.37c	63.12b	80.51a	8.71a	1.01d	63.38a
	NL5	25.12ab	48.43c	68.33b	5.96e	0.67f	47.86e
第2次 干旱胁迫 Second drought stress treatment	NL6	26.12a	65.76b	49.85c	8.19b	1.17c	55.26c
	平均值 Average	23.07(a)	53.20(a)	71.63(b)	7.03(b)	1.14(a)	55.07(a)
	NL1	20.43c	61.81a	69.65d	9.07d	1.26a	45.11c
	NL2	20.41c	64.39a	71.61cd	9.95c	1.00b	41.77d
干旱胁迫 Drought stress	NL3	20.92c	61.47a	95.50a	10.28b	0.94c	48.01b
	NL4	23.34b	28.71c	88.88b	7.89f	0.95c	39.60e
	NL5	25.44a	48.72b	75.17c	8.82e	0.81d	52.36a
	NL6	20.17c	46.34b	70.95cd	11.25a	0.99bc	38.29f
	平均值 Average	21.78(b)	51.91(a)	78.63(a)	9.54(a)	0.99(b)	44.19(b)

（3）苗期水稻叶片保护性酶活性和氧化物质含量

从表3-12可得，干旱胁迫会显著影响水稻幼苗叶片中各类保护性酶活性。经过第1次干旱胁迫，各材料叶片的过氧化物酶、超氧化物歧化酶、过氧化氢酶以及吡咯啉-5-羧酸合成酶、δ-鸟氨酸转氨酶和脯氨酸脱氢酶活性均呈现增加的趋势，平均增幅分别为 108.63%、104.09%、67.15%、30.55%、15.53%和23.38%；经过第2次干旱胁迫，各材料叶片上述酶活性亦呈现增加趋势，平均增幅分别为 11.81%、37.41%、25.91%、32.67%、31.47%和29.08%。保护酶活性的增强有利于清除水稻体内因干旱产生的有毒物质。丙二醛含量在两次干旱胁迫后均呈增加趋势，分别增加了11.32%和6.03%；抗旱性强的材料，丙二醛含量较低。

表 3-12　川香 29B NIILs 苗期干旱对叶片保护性酶活性和氧化物质的影响

Table 3-12　Leaf protective enzymes activity and oxidate substance
of Chuanxiang 29B NIILs under seedling-stage drought stress

处理 Treatment	参试材料 Tested material	过氧化物酶 POD (U/mg prot)	超氧化物歧化酶 SOD (U/mg prot)	过氧化氢酶 CAT (nmol/min/mg prot)	吡咯啉-5-羧酸合成酶 P5CS (U/g prot)	δ-鸟氨酸转氨酶 δ-OAT (U/g prot)	脯氨酸脱氢酶 ProDH (U/g prot)	丙二醛 MDA (nmol/g)
第1次干旱胁迫 First drought stress treatment	正常浇水 Normal watering							
	NL1	1.75c	1.16d	30.06de	39.15b	103.51a	39.29ab	21.61bc
	NL2	1.96c	0.48e	39.73c	38.18b	98.64b	33.66b	19.08de
	NL3	1.30d	1.07d	27.46e	32.18c	97.12b	32.38b	17.33e
	NL4	4.52b	2.64c	62.52a	29.44c	102.60a	31.38b	22.57b
	NL5	2.11c	3.15b	36.39cd	48.58a	87.15c	43.15a	25.83a
	NL6	5.04a	4.20a	50.35b	42.74b	80.31c	34.49b	20.22cd
	平均值 Average	2.78(b)	2.12(b)	41.09(b)	38.38(b)	94.89(b)	35.73(b)	21.11(b)
	干旱胁迫 Drought stress							
	NL1	3.80c	3.06e	81.81a	56.82a	109.72b	53.03ab	23.53b
	NL2	7.17a	2.52f	54.46c	39.18d	107.49c	38.13b	21.21c
	NL3	7.06a	5.52b	81.98a	50.86b	111.90b	40.79b	21.38c
	NL4	5.60b	3.44d	68.10b	44.58c	106.19c	33.55c	23.47b
	NL5	5.59b	4.68c	68.87b	51.13b	96.23d	57.52a	20.91c
	NL6	5.58b	6.70a	56.83c	58.04a	126.22a	41.45b	30.48a
	平均值 Average	5.80(a)	4.32(a)	68.68(a)	50.10(a)	109.63(a)	44.08(a)	23.50(a)
第2次干旱胁迫 Second drought stress treatment	正常浇水 Normal watering							
	NL1	5.32b	3.55b	70.80ab	44.21d	109.14b	49.78b	19.44c
	NL2	6.55a	4.14a	50.48d	63.10a	101.03b	58.80a	15.67d
	NL3	4.91b	2.45d	76.14a	59.19ab	115.64ab	50.31ab	16.48d
	NL4	6.05a	3.18c	62.49c	47.95c	117.43ab	48.98b	23.31ab
	NL5	6.05a	2.58d	71.94ab	52.84b	120.92a	54.44a	23.84a
	NL6	5.65b	4.15a	68.95b	62.74a	103.63b	53.68ab	22.63b
	平均值 Average	5.76(b)	3.34(b)	66.80(b)	55.01(b)	111.30(b)	52.67(b)	20.23(b)
	干旱胁迫 Drought stress							
	NL1	5.45c	4.55b	82.33b	72.39b	145.94ab	69.87b	22.74a
	NL2	6.88a	5.08b	65.03c	68.25bc	149.68ab	63.08bc	19.37c
	NL3	6.30b	4.58b	78.84b	61.74d	139.42b	55.23c	18.91c
	NL4	7.20a	4.12c	66.04c	78.49b	139.61b	76.62b	23.08a
	NL5	6.31b	3.50d	79.82b	66.59c	151.36a	59.32c	23.47a
	NL6	6.49b	5.72a	132.60a	90.38a	151.92a	83.76a	21.16b
	平均值 Average	6.44(a)	4.59(a)	84.11(a)	72.97(a)	146.32(a)	67.98(a)	21.45(a)

（4）苗期水稻叶片激素含量

从表3-13可得，干旱胁迫会显著影响水稻幼苗叶片中各类激素的含量。经过第1次干旱胁迫，各材料叶片的生长素、赤霉素和细胞分裂素均呈现降低趋势，平均降幅分别为3.09%、22.65%和2.39%；脱落酸和乙烯含量呈现增加趋势，平均增幅分别为8.62%和30.01%。经过第2次干旱胁迫，各材料叶片的生长素、赤霉素和细胞分裂素亦呈现降低趋势，平均降幅分别为31.03%、34.78%和19.27%；脱落酸和乙烯含量亦呈现增加趋势，平均增幅分别为25.26%和40.73%。

表3-13　川香29B NIILs苗期干旱对叶片激素含量的影响

Table 3-13　Leaf hormone content of Chuanxiang 29B NIILs under seedling-stage drought stress

处理 Treatment	参试材料 Tested material	生长素 Auxins （pmol/g）	赤霉素 Gibberellin （pmol/g）	细胞 分裂素 Cytokinin （ng/g）	脱落酸 Abscisic acid （ng/g）	乙烯 Ethylene （nmol/g）
第1次 干旱胁迫 First drought stress treatment						
正常浇水 Normal watering	NL1	28.28c	31.87c	29.47bc	23.38d	51.08c
	NL2	33.28a	25.93e	33.34ab	26.78c	45.38d
	NL3	27.41c	23.79e	28.55c	32.49b	75.16ab
	NL4	30.17b	34.18b	30.66b	35.77a	69.46b
	NL5	34.14a	28.41d	34.18a	22.29d	81.29a
	NL6	31.30b	43.42a	31.86b	28.60c	59.83c
平均值 Average		30.76(a)	31.27(a)	31.35(a)	28.22(b)	63.70(b)
干旱胁迫 Drought stress	NL1	27.84c	24.28c	29.05c	26.18e	72.09c
	NL2	32.07ab	17.52d	32.57ab	29.21d	61.58d
	NL3	25.60c	22.20c	27.07d	33.95b	96.17a
	NL4	29.40b	27.42b	30.24bc	38.20a	86.98b
	NL5	33.45a	19.83d	33.55a	25.08e	99.67a
	NL6	30.52b	33.85a	31.09b	31.28c	80.41b
平均值 Average		29.81(a)	24.18(b)	30.59(a)	30.65(a)	82.82(a)

（续表）

处理 Treatment	参试材料 Tested material	生长素 Auxins （pmol/g）	赤霉素 Gibberellin （pmol/g）	细胞 分裂素 Cytokinin （ng/g）	脱落酸 Abscisic acid （ng/g）	乙烯 Ethylene （nmol/g）
第2次 干旱胁迫 Second drought stress treatment	正常浇水 Normal watering					
	NL1	28.88b	46.22d	27.00ab	38.32b	104.05b
	NL2	34.75a	53.81c	26.79ab	41.36a	96.17c
	NL3	31.56ab	66.52b	29.61a	37.11b	124.19a
	NL4	26.38c	61.24b	25.46b	33.71c	63.77d
	NL5	27.67bc	56.12c	28.83a	37.47b	100.55b
	NL6	33.02a	72.78a	27.78ab	40.38a	113.25ab
	平均值 Average	30.38(a)	59.45(a)	27.58(a)	38.06(b)	100.33(b)
	干旱胁迫 Drought stress					
	NL1	23.79a	32.70c	24.75a	44.15c	131.64b
	NL2	19.64bc	38.14b	22.22ab	45.85c	122.44c
	NL3	21.28ab	35.00c	18.21b	50.83ab	150.90b
	NL4	18.52c	47.38a	21.30ab	54.35a	142.14b
	NL5	21.89ab	40.78b	23.98a	42.57d	164.04a
	NL6	20.59b	38.63b	23.13a	48.28b	136.01b
	平均值 Average	20.95(b)	38.77(b)	22.26(b)	47.67(a)	141.20(a)

3.1.3 水稻分蘖期和穗分化期抗旱性鉴定指标的干旱胁迫效应

3.1.3.1 分蘖期和穗分化期生长指标

从表3-14可得，30个参试品种的最高分蘖为：T1>T2，分蘖期干旱有利于分蘖的发生；T1变异系数大于T2，分蘖期遭受干旱对水稻分蘖影响程度更大。干旱降低齐穗期LAI，T1降幅大于T2；干旱提高了粒叶比，T1增幅大于T2，且T1齐穗期LAI、粒叶比相对值的变异系数均小于T2。可见，相对于穗分化期，分蘖期进行干旱处理，水稻LAI降低更明显，而粒叶比增幅更大，即叶片生长在分蘖期受干旱影响更强烈，但品种间差异更小。

表 3-14 水稻主推品种分蘖期和穗分化期干旱对最高分蘖和叶片相关性状相对值的影响

Table 3-14 Maximum tillering and leaf related traits relative value of main popularized rice varieties under drought stress during tillering and panicle initiation stages

品种代号 Variety code	分蘖期干旱处理（T1） Drought treatment at tillering stage			穗分化期干旱处理（T2） Drought treatment at panicle initiation stage		
	最高分蘖 Maximum tillering	齐穗期叶 面积指数 LAI at heading	粒叶比 Grain leaf ratio	最高分蘖 Maximum tillering	齐穗期叶 面积指数 LAI at heading	粒叶比 Grain leaf ratio
GY802	0.933	0.650	1.516	0.987	0.631	1.563
MX576	0.893	0.678	1.444	0.968	0.715	1.407
R18Y188	1.021	0.680	1.386	0.944	0.826	1.114
YX7808	1.024	0.708	1.343	0.925	0.699	1.443
YX2079	0.956	0.604	1.726	0.922	0.574	1.726
DY6511	0.960	0.626	1.562	1.012	0.690	1.427
N2Y6H	1.072	0.617	1.587	0.976	0.780	1.286
CX858	0.947	0.571	1.697	0.968	0.934	1.167
CXY3203	1.083	0.519	1.750	0.962	0.708	1.633
N5Y39	1.053	0.535	1.948	0.977	0.607	1.690
RD415	1.016	0.689	1.500	0.946	0.862	1.211
YXY2168	0.990	0.800	1.159	0.980	0.678	1.549
TY99	0.960	0.611	1.538	1.041	0.916	1.269
N5Y317	0.962	0.458	2.302	0.882	0.584	1.683
CZ6Y177	0.943	0.547	1.429	0.978	0.501	1.929
NXY18H	0.959	0.622	1.711	0.898	0.618	1.614
XLY727	0.964	0.562	1.871	0.874	0.629	1.726
YX4245	1.097	0.597	1.912	0.936	0.723	1.412
NX8156	1.040	0.568	1.577	1.004	0.673	1.310
GX707	1.060	0.569	1.797	0.906	0.759	1.500
IIYH2H	1.049	0.660	1.569	0.993	0.628	2.764
NX2128	1.078	0.752	1.537	0.976	0.723	1.567
NX2550	1.084	0.433	2.726	1.024	0.628	1.710
N5Y5399	1.125	0.478	2.435	0.958	0.639	1.806
YXY7633	1.018	0.521	1.912	0.976	0.891	1.147
YX4106	1.022	0.553	2.015	0.976	0.508	2.015
CGY202	0.934	0.649	1.471	0.923	0.419	2.271
LFY329	1.008	0.772	1.217	0.996	0.571	1.554
YX1108	0.959	0.667	1.324	0.984	0.622	0.000
CXY727	0.995	0.691	1.339	0.919	0.465	2.226

品种代号 Variety code	分蘖期干旱处理（T1） Drought treatment at tillering stage			穗分化期干旱处理（T2） Drought treatment at panicle initiation stage		
	最高分蘖 Maximum tillering	齐穗期叶 面积指数 LAI at heading	粒叶比 Grain leaf ratio	最高分蘖 Maximum tillering	齐穗期叶 面积指数 LAI at heading	粒叶比 Grain leaf ratio
平均 Average	1.007	0.613	1.677	0.960	0.673	1.557
标准差 SD	0.058	0.089	0.354	0.041	0.128	0.466
变异系数 CV	0.058	0.146	0.211	0.042	0.190	0.299

3.1.3.2 分蘖期和穗分化期生理指标

从表3-15可知，无论分蘖期还是穗分化期干旱，复水前发根力变异系数均大于复水前伤流量。分蘖期干旱复水前发根力高于穗分化期，复水前伤流量则表现相反；分蘖期30个参试品种间复水前发根力和复水前伤流量的变异系数均小于穗分化期。这表明在干旱胁迫下，分蘖期水稻具备更强的发根力，且发根力所受干旱影响更小。

表3-15　水稻主推品种分蘖期和穗分化期干旱对发根力和伤流量的影响

Table 3-15　Root growth ability and wound flow of main popularized rice varieties under drought stress during tillering and panicle initiation stages

品种代号 Variety code	分蘖期干旱处理（T1） Drought treatment at tillering stage		穗分化期干旱处理（T2） Drought treatment at panicle initiation stage	
	复水前发根力 Root growth ability before rewatering （g/plant）	复水前伤流量 Wound flow before rewatering （g/d stem）	复水前发根力 Root growth ability before rewatering （g/plant）	复水前伤流量 Wound flow before rewatering （g/d stem）
GY802	0.350	1.486	0.050	1.611
MX576	0.350	1.469	0.050	1.259
R18Y188	0.400	1.644	0.200	0.960
YX7808	0.400	1.573	0.110	2.172
YX2079	0.300	1.458	0.140	1.276
DY6511	0.650	1.578	0.260	2.254
N2Y6H	0.350	1.383	0.180	1.423
CX858	0.350	1.025	0.600	1.970
CXY3203	0.250	1.532	0.200	2.237
N5Y39	0.300	1.489	0.110	2.438
RD415	0.400	1.548	0.270	2.113
YXY2168	0.650	1.503	0.020	1.217

（续表）

品种代号 Variety code	分蘖期干旱处理（T1） Drought treatment at tillering stage		穗分化期干旱处理（T2） Drought treatment at panicle initiation stage	
	复水前发根力 Root growth ability before rewatering （g/plant）	复水前伤流量 Wound flow before rewatering （g/d stem）	复水前发根力 Root growth ability before rewatering （g/plant）	复水前伤流量 Wound flow before rewatering （g/d stem）
TY99	0.550	1.706	0.250	1.807
N5Y317	0.250	1.356	0.060	2.486
CZ6Y177	0.400	1.512	0.020	1.326
NXY18H	0.450	1.602	0.060	2.376
XLY727	0.400	1.596	0.160	2.004
YX4245	0.300	1.730	0.140	1.527
NX8156	0.250	1.276	0.000	1.580
GX707	0.450	1.845	0.200	1.459
IIYH2H	0.650	1.124	0.250	2.618
NX2128	0.450	1.774	0.150	1.677
NX2550	0.250	1.770	0.150	1.960
N5Y5399	0.400	1.762	0.140	1.270
YXY7633	0.400	1.091	0.250	1.221
YX4106	0.300	0.251	0.100	1.554
CGY202	0.500	1.503	0.000	2.098
LFY329	0.500	1.788	0.030	1.932
YX1108	0.800	1.640	0.030	1.240
CXY727	0.300	1.520	0.100	1.617
平均 Average	0.412	1.484	0.143	1.756
标准差 SD	0.137	0.309	0.120	0.453
变异系数 CV	0.333	0.208	0.841	0.258

3.1.3.3 分蘖期和穗分化期产量指标

产量方差分析表明，干旱处理间和品种间均达极显著水平（$F=28.79^{**}$，$F=4.43^{**}$）。从表3-16可知，分蘖期受旱处理T1的有效穗增加，穗总粒数明显下降，结实率和千粒重略有降低；穗分化期受旱处理T2的有效穗、结实率和千粒重略有降低，穗总粒数有所增加。产量构成因素在分蘖期对干旱胁迫的敏感程度为有效穗>穗总粒数>结实率>千粒重；穗分化期则为穗总粒数>结实率>有效穗>千粒重。分蘖期受旱水稻产量的降幅要高于穗分化期受旱，稻谷产量表现为T2>T1，可见，分蘖期干旱虽促进了分蘖, 提高了有效穗, 但穗总粒数减少明显, 其对产量的负面影响大于穗分化期。分蘖期干旱产量抗旱指数大于 1 的品种有 N5Y39、N5Y5399、TY99、NX2128、R18Y188、N5Y317、CXY727 和 YX7808; 穗分化期产量抗旱指数大于 1 的有 YX1108、RD415、R18Y188、XLY727、NX8156、NXY18H 和 CXY727, 只有 R18Y188 和 CXY727 在分蘖期和穗分化期表现基本一致。

表 3-16 水稻主推品种分蘖期和穗分化期干旱产量性状相对值与产量抗旱指数

Table 3-16 Yield-related traits relative value and yield drought index of main popularized rice varieties under drought stress during tillering and panicle initiation stages

品种代号 Variety code	分蘖期干旱处理（T1） Drought treatment at tillering stage						穗分化期干旱处理（T2） Drought treatment at panicle initiation stage					
	有效穗 EP	穗总粒数 TGP	结实率 SSR	千粒重 KGW	经济产量 EY	抗旱指数 YDI	有效穗 EP	穗总粒数 TGP	结实率 SSR	千粒重 KGW	经济产量 EY	抗旱指数 YDI
GY802	1.00	0.98	0.97	1.02	0.87	0.82	0.97	1.01	0.99	1.00	0.92	0.90
MX576	1.03	0.94	1.02	1.01	0.97	0.98	1.01	0.98	1.06	1.02	0.89	0.80
R18Y188	1.08	0.88	0.99	1.01	0.94	1.04	0.98	0.95	1.03	1.00	0.97	1.07
YX7808	1.04	0.92	1.00	0.99	0.94	1.00	1.05	0.95	0.99	0.97	0.91	0.90
YX2079	1.01	1.04	0.95	0.99	0.87	0.85	0.97	1.02	0.99	0.97	0.94	0.96
DY6511	1.06	0.92	1.03	0.99	0.96	0.97	0.99	0.99	1.07	1.00	0.99	0.99
N2Y6H	1.13	0.87	0.97	0.95	0.88	0.77	0.99	1.02	0.96	0.95	0.90	0.77
CX858	1.02	0.94	1.01	1.00	0.92	0.99	1.02	1.07	1.02	0.99	0.90	0.90
CXY3203	1.02	0.89	1.08	1.00	0.87	0.82	1.07	0.99	0.99	0.99	0.98	0.99
N5Y39	1.06	0.98	0.97	1.01	0.99	1.15	0.96	1.06	0.96	1.00	0.87	0.85
RD415	1.00	1.03	1.02	1.01	0.75	0.68	0.93	1.13	0.96	1.00	0.96	1.09
YXY2168	0.95	0.98	0.98	1.00	0.92	0.93	1.03	1.03	0.98	1.00	0.92	0.90
TY99	0.99	0.95	1.08	1.02	0.96	1.05	1.03	1.13	1.05	0.99	0.91	0.90
N5Y317	1.09	0.97	1.02	1.00	0.99	1.02	1.03	0.96	1.01	1.01	0.95	0.92
CZ6Y177	0.93	0.84	1.02	1.00	0.88	0.77	0.92	1.06	1.02	1.00	0.96	0.89
NXY18H	1.09	0.97	0.97	0.99	0.94	0.94	0.95	1.04	0.97	0.99	0.99	1.00
XLY727	1.04	1.01	0.95	0.96	0.78	0.73	0.98	1.11	0.94	0.97	0.96	1.05
YX4245	1.19	0.96	0.97	1.00	0.95	0.98	1.00	1.02	0.98	1.01	0.91	0.88
NX8156	1.02	0.88	1.00	1.02	0.87	0.82	0.96	0.90	0.99	1.01	0.98	1.01
GX707	1.10	0.92	0.97	0.98	0.94	0.90	1.05	1.09	1.01	0.98	0.98	0.94
IIYH2H	1.01	1.02	0.98	0.94	0.82	0.74	1.00	1.15	0.79	0.95	0.93	0.91
NX2128	1.16	0.99	0.99	1.01	0.95	1.05	1.05	1.07	0.98	0.99	0.93	0.95

（续表）

品种代号 Variety code	分蘖期干旱处理（T1） Drought treatment at tillering stage						穗分化期干旱处理（T2） Drought treatment at panicle initiation stage					
	有效穗 EP	穗总粒数 TGP	结实率 SSR	千粒重 KGW	经济产量 EY	抗旱指数 YDI	有效穗 EP	穗总粒数 TGP	结实率 SSR	千粒重 KGW	经济产量 EY	抗旱指数 YDI
NX2550	1.24	0.95	0.90	0.98	0.87	0.75	1.03	1.04	0.90	0.99	0.94	0.85
N5Y5399	1.13	1.02	0.98	0.99	0.96	1.08	1.01	1.14	0.99	1.00	0.90	0.92
YXY7633	1.07	0.93	1.01	1.00	0.95	0.94	0.97	1.05	1.03	1.00	0.98	0.97
YX4106	1.12	1.00	0.91	1.00	0.87	0.86	1.01	1.02	1.00	1.02	0.93	0.96
CGY202	1.09	0.88	0.93	1.00	0.91	0.94	1.02	0.94	0.96	0.98	0.94	0.98
LFY329	0.96	0.98	1.02	1.00	0.86	0.76	0.86	1.03	1.02	0.99	0.90	0.80
YX1108	1.00	0.89	1.00	1.01	0.91	0.97	0.94	0.89	1.00	1.01	1.09	1.32
CXY727	0.96	0.96	0.99	0.99	0.94	1.01	1.01	1.02	1.03	0.99	0.95	1.00
平均 Average	1.05	0.95	0.99	1.00	0.91	0.91	0.99	1.03	0.99	0.99	0.94	0.95
标准差 SD	0.073	0.053	0.041	0.020	0.058	0.123	0.045	0.067	0.053	0.018	0.043	0.104
变异系数 CV	0.069	0.056	0.041	0.020	0.064	0.135	0.045	0.065	0.053	0.018	0.046	0.110

3.1.4 水稻全生育期干旱下鉴定指标的干旱胁迫效应

3.1.4.1 全生育期形态指标

从表3-17可知，干旱胁迫导致川香29B NIILs株高显著降低，并且降幅随胁迫程度加重而增大，T2、T3、T4和T5分别比T1降低了7.45%、8.84%、16.29%和22.36%。川香29B NIILs材料间株高无显著差异；杂交稻组合株高降低26.21%~47.49%，各杂交稻组合间株高存在显著差异，其中仅有CC2的株高大于对照冈优725。

表3-17 全生育期干旱对川香29B NIILs和杂交稻组合株高的影响

Table 3-17 Plant height of Chuanxiang 29B NIILs and rice cross combination under whole-growth-stage drought stress

川香29B NIILs Chuanxiang 29B NIILs		杂交稻组合 Cross combination	
材料代号 Material code	株高 Plant height	组合代号 Combination code	株高 Plant height
NL1	83.9a	GY725	72.80a
NL2	82.9a	CC1	66.35abc
NL3	83.0a	CC2	73.79a

川香 29B NIILs Chuanxiang 29B NIILs		杂交稻组合 Cross combination	
材料代号 Material code	株高 Plant height	组合代号 Combination code	株高 Plant height
NL4	83.4a	CC3	52.51f
NL5	84.3a	CC4	60.55cde
NL6	84.0a	CC5	58.37def
处理 Drought stress		CC6	53.54ef
T1	93.9a	CC7	70.61ab
T2	86.9b	CC8	64.55bcd
T3	85.6c	CC9	61.20cd
T4	78.6d	CC10	63.66bcd
T5	72.9e	F-值 F-Value	7.99**

3.1.4.2 全生育期生长发育指标

干旱胁迫直接影响着各川香 29B NIILs 材料的生育进程，随着干旱胁迫的加重，供试材料达到始穗期、齐穗期和成熟期的时间均会推迟（表 3-18）。与 T1 相比，T2、T3、T4 和 T5 进入始穗期平均分别推迟 1.3 d、3.7 d、15.3 d 和 19.2 d；进入齐穗期平均分别推迟 2.7 d、6.0 d、19.7 d 和 27.5 d；进入成熟期平均分别推迟 2.0 d、3.0 d、10.0 d 和 17.2 d。在相同干旱胁迫处理中，6 个供试材料的生育时期也存在差异，与 NL1、NL4 或 NL5 相比，NL2、NL3 和 NL6 抽穗时间会提早 1.2~8.2 d；在 T1、T2、T3 和 T4 处理条件下，供试材料间成熟期均相差 0~5 d，T5 下相差 0~3 d。可见，干旱胁迫是影响各供试材料生育进程的重要因素。

表 3-18 川香 29B NIILs 全生育期干旱对关键生育时期的影响
Table 3-18 Key growth stages of Chuanxiang 29B NIILs under whole-growth-stage drought stress（month/day）

干旱胁迫 Drought stress	供试材料 Tested material	始穗期 Initial heading stage	齐穗期 Full heading stage	成熟期 Maturity stage
	NL1	7/24	8/09	9/05
	NL2	7/17	8/05	9/03
	NL3	7/17	8/05	9/03
T1	NL4	7/24	8/09	9/05
	NL5	7/24	8/07	9/08
	NL6	7/23	8/06	9/05

（续表）

干旱胁迫 Drought stress	供试材料 Tested material	始穗期 Initial heading stage	齐穗期 Full heading stage	成熟期 Maturity stage
T2	NL1	7/29	8/12	9/07
	NL2	7/17	8/08	9/05
	NL3	7/16	8/06	9/05
	NL4	7/23	8/11	9/07
	NL5	7/29	8/11	9/10
	NL6	7/23	8/09	9/07
T3	NL1	7/29	8/16	9/08
	NL2	7/20	8/10	9/06
	NL3	7/20	8/09	9/06
	NL4	7/23	8/11	9/08
	NL5	7/29	8/15	9/11
	NL6	7/30	8/16	9/08
T4	NL1	8/07	8/28	9/15
	NL2	7/30	8/21	9/13
	NL3	8/03	8/21	9/13
	NL4	8/11	9/01	9/15
	NL5	8/08	8/28	9/18
	NL6	8/07	8/29	9/15
T5	NL1	8/12	9/03	9/22
	NL2	8/06	9/01	9/20
	NL3	8/08	9/03	9/22
	NL4	8/11	9/05	9/22
	NL5	8/10	9/04	9/23
	NL6	8/11	9/04	9/23

3.1.4.3　全生育期生理指标

从表3-19可得，全生育期轻度干旱胁迫下川香29B NIILs净光合速率没有变化，水分利用效率有所提高；在中度、重度干旱胁迫下，净光合速率和水分利用效率分别下降了10.47%~19.38%和4.20%~62.18%，且降幅随胁迫程度加重而增大。在T1处理下，NL3的净光合速率和水分利用效率均为最高，参试材料间水分利用效率无显著差异。在T2处理下，NL2的净光合速率和水分利用效率最高。在T3和T4处理下，NL2的净光合速率最高，NL3的水分利用效率最高。在T5处理下，参试材料间的净光合速率无显著差异，NL3的水分利用效率最高。可见，与对照相比，在轻度胁迫下川香29B NIILs间光合速率和水分利用效率无明显差异，而在中度干旱胁迫下表现出明显差异，胁迫过重川香29B NIILs间光合速率又无显著差异。

表3-19 川香29B NIILs全生育期干旱对水稻光合速率和水分利用效率的影响

Table 3-19 Net photosynthesis rate and water use efficiency of Chuanxiang 29B NIILs under whole-growth-stage drought stress

供试材料	净光合速率					水分利用效率				
Tested material	NPR [mmol CO_2/ (m^2·s)]					Water use efficiency (g/L)				
	T1	T2	T3	T4	T5	T1	T2	T3	T4	T5
NL1	20.6b	28.6a	23.4ab	22.3ab	20.2a	1.00a	1.03b	0.77d	0.82c	0.47c
NL2	22.2b	29.0a	25.3a	28.3a	19.4a	1.26a	1.46a	1.41ab	1.23ab	0.56b
NL3	32.4a	27.8a	22.1ab	19.1b	20.1a	1.28a	1.38ab	1.55a	1.36a	0.66a
NL4	27.3b	24.6ab	23.7ab	22.0ab	22.6a	1.12a	1.29ab	0.99cd	0.80c	0.30d
NL5	25.7b	23.1ab	20.4b	24.5ab	21.8a	1.15a	1.35ab	0.95cd	0.98bc	0.27d
NL6	26.3ab	21.9b	21.4b	22.3ab	20.6a	1.28a	1.23ab	1.18bc	0.88bc	0.45bc
平均 Average	25.8(a)	25.8(ab)	22.7(bc)	23.1(bc)	20.8(c)	1.19(a)	1.29(a)	1.14(ab)	1.01(b)	0.45(c)

3.1.4.4 全生育期产量相关指标

（1）穗部和籽粒性状

从表3-20可得，随着全生育期干旱胁迫程度增加，川香29B NIILs穗长、穗颈节长和一次枝梗数显著下降，平均降幅分别为0.45%、12.76%和8.55%。干旱胁迫程度为T5时，参试材料的穗长明显减小，NL1和NL4的穗长较大。干旱胁迫程度≥T2时，参试材料的穗颈节长和一次枝梗数就开始明显减小；在轻度干旱胁迫T2中，参试材料间穗长和穗颈节长无显著差异，在中、重度干旱胁迫（T3、T4和T5）中，参试材料间穗长和穗颈节长出现显著差异。可见，穗颈节长和穗一次枝梗数比穗长对干旱更加敏感。

表3-20 川香29B NIILs全生育期干旱对水稻穗部和籽粒性状的影响

Table 3-20 Panicle and grain traits of Chuanxiang 29B NIILs under whole-growth-stage drought stress

干旱胁迫 Drought stress	供试材料 Tested material	穗长 PL (cm)	穗颈节长 NPNL (cm)	一次枝梗数 PBNP	谷粒长 GL (mm)	谷粒宽 GW (mm)	谷粒长宽比 GL/GW
	NL1	22.8ab	29.1a	14.5cd	8.9b	2.67c	3.33a
	NL2	21.5b	28.8a	16.2ab	8.4d	2.80a	3.00c
	NL3	21.9ab	29.1a	15.8abc	8.6c	2.90a	2.98c
T1	NL4	21.2b	28.9a	13.3d	9.1a	2.67c	3.42a
	NL5	23.3a	29.6a	14.8bcd	9.1a	2.70bc	3.37a
	NL6	22.3ab	29.7a	16.8a	8.8b	2.77ab	3.19b
	平均 Average	22.1(ab)	29.2(a)	15.2(a)	8.8(a)	2.75(a)	3.21(a)

（续表）

干旱胁迫 Drought stress	供试材料 Tested material	穗长 PL （cm）	穗颈节长 NPNL （cm）	一次枝 梗数 PBNP	谷粒长 GL （mm）	谷粒宽 GW （mm）	谷粒 长宽比 GL/GW
T2	NL1	22.7a	28.4a	14.8ab	8.5b	2.70a	3.16bc
	NL2	21.7a	28.4a	15.7a	8.5b	2.50b	3.46a
	NL3	21.6a	26.9a	15.0ab	8.6ab	2.77a	3.10bc
	NL4	22.5a	27.6a	12.8c	8.7a	2.67a	3.28ab
	NL5	22.9a	27.4a	13.5bc	8.7a	2.70a	3.24b
	NL6	22.8a	28.7a	15.1ab	8.7a	2.73a	3.11bc
	平均 Average	22.3(a)	27.9(b)	14.5(b)	8.6(b)	2.68(bc)	3.23(a)
T3	NL1	23.3ab	29.1a	15.0a	8.4c	2.73a	3.06a
	NL2	21.8bc	27.6a	14.9a	8.4c	2.77a	3.03c
	NL3	21.2c	24.8b	15.0a	8.5bc	2.77a	3.07c
	NL4	22.2abc	27.5a	13.9a	8.6ab	2.63ab	3.28ab
	NL5	23.6a	27.9a	14.3a	8.8a	2.57b	3.43a
	NL6	22.6abc	27.3a	15.1a	8.5bc	2.70a	3.14bc
	平均 Average	22.4(a)	27.3(b)	14.6(ab)	8.5(bc)	2.69(bc)	3.17(a)
T4	NL1	23.4a	25.6ab	14.1a	8.7b	2.73a	3.17ab
	NL2	19.4b	25.4ab	14.2a	8.0c	2.80a	2.85c
	NL3	20.2b	23.3b	12.8ab	8.5b	2.70ab	3.16b
	NL4	21.9a	24.3ab	11.3b	8.8a	2.70abc	3.28ab
	NL5	23.6a	25.7a	13.8a	8.7a	2.57b	3.40a
	NL6	22.3a	25.6ab	14.2a	8.6ab	2.70ab	3.19ab
	平均 Average	21.7(ab)	25.0(c)	13.3(c)	8.6(bc)	2.70(b)	3.18(a)
T5	NL1	22.3ab	22.3b	13.7a	8.5ab	2.67a	3.20ab
	NL2	21.3bc	21.3bc	13.3a	8.3bc	2.70a	3.09b
	NL3	20.2c	19.4c	13.2a	8.2c	2.67a	3.07b
	NL4	23.4a	24.6a	13.3a	8.7a	2.67a	3.24ab
	NL5	21.1bc	21.0bc	12.7a	8.7a	2.57a	3.38a
	NL6	21.3bc	21.9b	13.3a	8.2c	2.70a	3.05b
	平均 Average	21.6(b)	21.7(d)	13.2(c)	8.4(c)	2.66(c)	3.17(a)

随着全生育期干旱胁迫程度增加，川香 29B NIILs 谷粒长、谷粒宽显著变小，平均降幅分别为 3.13%、2.45%，而谷粒长宽比无显著变化。在各干旱胁迫下，参试材料间谷粒长和谷粒长宽比均存在显著差异；而在重度干旱胁迫下，参试材料间的谷粒宽无显著差异。

（2）水稻产量及其构成因素

从表 3-21 和表 3-22 可知，T2 干旱胁迫下川香 29B NIILs 经济产量、生物产量和收获指数无显著下降，T3、T4、T5 胁迫下经济产量、生物产量和收获指数平均下降 17.64%、30.93%、69.07%、1.53%、6.02%、22.99% 和 16.67%、27.78%、61.11%。干旱胁迫下杂交稻组合产量均明显下降。根据产量抗旱系数和产量抗旱指数的数值大小，川香 29B NIILs 中 NL2 和 NL3 的抗旱性要强于其余 4 个材料；杂交稻组合中 CC8 的抗旱性最强，CC1、CC2、CC9 和 CC10 次之。

表3-21 川香29B NIILs全生育期干旱对水稻产量及构成因素的影响

Table 3-21 Yield and yield components of Chuanxiang 29B NIILs under whole-growth-stage drought stress

干旱胁迫 Drought stress	供试材料 Tested material	单株有效穗数 EP (P)	穗实粒数 FGP	结实率 SSR (%)	千粒重 KGW (g)	经济产量 EY (g/株)	生物产量 BY (g/株)	收获指数 HI	产量抗旱系数 YDC	产量抗旱指数 YDI
T1	NL1	8.43 a	61.5 c	64.4 a	22.7 a	11.87 a	24.80 a	0.48 a	—	—
	NL2	7.67 a	83.6 abc	72.6 a	23.3 a	14.93 a	26.43 a	0.57 a	—	—
	NL3	7.33 a	93.7 a	79.8 a	22.3 a	15.13 a	26.30 a	0.58 a	—	—
	NL4	8.23 a	66.5 bc	75.9 a	24.3 a	13.27 a	25.13 a	0.53 a	—	—
	NL5	7.57 a	77.2 abc	69.4 a	23.2 a	13.57 a	26.60 a	0.51 a	—	—
	NL6	7.90 a	84.3 ab	71.7 a	22.8 a	15.17 a	27.37 a	0.55 a	—	—
	平均 Average	7.86(a)	77.8(a)	72.3(a)	23.1(a)	14.00(a)	26.1(ab)	0.54(a)	—	—
T2	NL1	8.90 a	54.9 b	56.0 b	21.8 a	10.60 b	26.37 a	0.40 b	0.89abc	0.71b
	NL2	7.90 a	86.8 a	72.7 ab	22.2 a	15.03 a	26.87 a	0.56 a	1.01a	1.14a
	NL3	8.23 a	73.9 ab	79.0 a	23.4 a	14.20 ab	24.37 a	0.58 a	0.94ab	1.00a
	NL4	7.90 a	79.1 a	78.5 a	21.4 a	13.37 ab	27.03 a	0.50 ab	1.01a	1.01a
	NL5	7.67 a	82.2 a	72.6 ab	22.0 a	13.90 ab	28.20 a	0.49 ab	1.02a	1.07a
	NL6	7.67 a	76.4 ab	64.0 b	21.8 a	12.73 ab	26.60 a	0.47 ab	0.84abcd	0.80b
	平均 Average	8.03 (a)	75.5 (a)	70.4 (a)	22.1 (a)	13.30 (a)	26.57 (a)	0.50 (ab)	0.95 (a)	0.96 (a)
T3	NL1	7.33 a	53.0 b	35.2 c	20.1 b	7.80 d	26.23 a	0.30 c	0.66bcde	0.44d
	NL2	8.10 a	83.3 a	69.0 ab	21.3 ab	14.23 ab	26.37 a	0.54 ab	0.95ab	1.17ab
	NL3	8.33 a	83.9 a	78.8 a	22.4 a	15.70 a	27.47 a	0.57 a	1.04a	1.41a
	NL4	7.67 a	63.8 ab	64.9 ab	20.2 ab	10.00 cd	23.07 a	0.42 bc	0.75abcd	0.65c
	NL5	7.43 a	60.3 b	58.2 b	21.0 ab	9.57 cd	24.00 a	0.40 bc	0.71abcd	0.59c
	NL6	8.57 a	68.8 ab	59.9 ab	20.3 ab	11.90 bc	27.07 a	0.44 abc	0.78abcd	0.81bc
	平均 Average	7.90 (a)	68.8 (bc)	61.0 (b)	20.9 (bc)	11.53 (b)	25.70 (ab)	0.45 (b)	0.82 (ab)	0.85 (b)

（续表）

干旱胁迫 Drought stress	供试材料 Tested material	单株有效穗数 EP (P)	穗实粒数 FGP	结实率 SSR（%）	千粒重 KGW (g)	经济产量 EY (g/株)	生物产量 BY (g/株)	收获指数 HI	产量抗旱系数 YDC	产量抗旱指数 YDI
T4	NL1	7.77 a	49.0 c	42.3 b	20.4 a	7.83 c	25.43 a	0.31 c	0.66bcd	0.53bc
	NL2	8.00 a	72.5 ab	62.1 ab	20.3 a	11.77 ab	25.60 a	0.46 ab	0.79abcd	0.96ab
	NL3	8.00 a	76.1 a	68.2 a	21.6 a	13.00 a	26.40 a	0.49 a	0.86abc	1.15a
	NL4	7.90 a	44.3 c	54.7 ab	21.6 a	7.63 c	20.80 b	0.37 abc	0.58cdef	0.45c
	NL5	7.57 a	61.4 bc	55.2 ab	20.3 a	9.40 abc	23.47 ab	0.40 abc	0.69bcd	0.67b
	NL6	7.43 a	54.1 c	42.2 b	20.8 a	8.37 bc	25.57 a	0.33 bc	0.55defg	0.48c
	平均 Average	7.77（a）	59.57（c）	54.1（bc）	20.8（bc）	9.67（c）	24.53（b）	0.39（b）	0.69（b）	0.71（c）
T5	NL1	5.77 abc	35.4a	23.2 a	20.8 a	4.60 a	22.13 ab	0.20 a	0.39gh	0.41ab
	NL2	6.90 a	37.9a	30.2 a	19.3 ab	5.10 a	19.90 ab	0.25 a	0.34gh	0.40b
	NL3	6.33 ab	48.8a	31.8 a	19.4 ab	6.10 a	23.23 a	0.26 a	0.40efgh	0.56a
	NL4	4.67 c	37.8a	23.3 a	18.1 bc	3.20 a	18.70 bc	0.17 a	0.24h	0.18c
	NL5	4.57 c	33.6a	25.6 a	17.1 c	2.67 a	15.20 c	0.18 a	0.20h	0.12c
	NL6	5.57bc	37.6a	21.6 a	19.4 ab	4.37 a	21.47 ab	0.19 a	0.29gh	0.29b
	平均 Average	5.64（b）	38.5（d）	30.0（c）	19.0（c）	4.33（d）	20.10（c）	0.21（d）	0.31（c）	0.33（d）

表3-22 杂交稻组合全生育期干旱对产量相关性状的影响

Table 3-22　Yield-related traits of rice cross combination under whole-growth-stage drought stress

(%)

组合代号 Combination code	有效穗数 EP	穗总粒数 TGP	穗实粒数 FGP	穗批粒数 UGP	穗总粒重 TGWP	穗实粒重 FGWP	穗批粒重 UGWP	结实率 SSR	千粒重 KGW	产量抗旱系数 YDC	产量抗旱指数 YDI (×10²)
CK	75.31a	46.61e	0.23d	440.01bc	7.22cd	0.15d	282.08cd	0.49e	63.90bc	0.001d	0.002c
CC1	81.71a	63.34bcde	15.23bc	498.05bc	17.90abc	11.17abc	309.92bcd	24.27bc	74.69abc	0.096abc	16.871ab
CC2	78.31a	81.72ab	17.34bc	566.48bc	23.00ab	13.93ab	394.50bcd	21.10bcd	80.39ab	0.111ab	15.815ab
CC3	53.94a	76.94abc	10.29bcd	522.09bc	16.46abc	6.91bcd	386.61bcd	15.63cde	66.70bc	0.037bcd	2.225bc
CC4	86.73a	69.70abcde	5.11cd	421.21bc	12.11bcd	3.33cd	272.91cd	7.39de	65.90bc	0.027bcd	1.122bc
CC5	56.72a	51.90de	7.59bcd	675.15bc	17.94abc	5.80bcd	593.28abc	13.61cde	90.73a	0.031bcd	1.939bc
CC6	81.30a	17.49f	1.75d	212.34c	3.41d	1.16d	125.22d	10.40cde	65.97bc	0.013cd	0.223bc
CC7	58.44a	94.12a	16.25bc	867.90ab	24.44a	8.30bcd	639.08ab	17.01cd	55.19c	0.049bcd	4.202bc
CC8	75.21a	81.11abc	33.38a	542.53bc	25.43a	19.96a	256.14cd	41.56a	54.56c	0.158a	49.033a
CC9	67.01a	56.32cde	20.39ab	339.04c	18.78ab	13.74ab	230.72d	34.29ab	67.12bc	0.088abcd	15.256ab
CC10	86.49a	75.52abcd	12.38bcd	1300.56a	14.73abcd	7.20bcd	853.36a	17.68cd	60.00c	0.071abcd	12.084bc
F-值 F-Value	0.99	6.36**	4.48**	2.93*	3.16*	3.73**	3.18*	4.74**	2.42*	2.77*	2.58*

干旱胁迫会降低水稻有效穗数、穗总粒数、穗实粒数、穗实粒重、结实率、千粒重和收获指数，增加穗秕粒数和穗秕粒重。在轻度、中度干旱（T2、T3和T4）胁迫下，川香29B NIILs的有效穗数与对照（T1）无显著差异，在重度干旱（T5）胁迫下，有效穗显著下降且抗旱性强的材料有效穗更多；干旱胁迫下杂交稻组合间有效穗数却无显著差异。随干旱胁迫程度加重，穗实粒数和结实率下降明显，在轻度、中度干旱（T2、T3和T4）胁迫下，抗旱性强的材料具有更高的穗实粒数、结实率，在重度干旱（T5）胁迫下，各材料的穗实粒数和结实率无显著差异；干旱胁迫下抗旱性强的杂交稻组合具有更高的穗实粒数、穗总粒重、穗实粒重、结实率。在轻度干旱（T2）胁迫下，川香29B NIILs的千粒重无显著差异，在中度、重度干旱（T3、T4和T5）胁迫下，抗旱性强的材料千粒重也更高；干旱胁迫下各杂交稻组合千粒重降幅较大。可见，不同干旱胁迫下产量及其相关性状的增减幅度不同。

3.2 抗旱性鉴定指标的综合分析

用单一的指标来评价作物的抗旱性具有片面性，有时甚至与作物的实际抗旱能力相反。因此，大家越来越倾向采用多指标的综合分析方法，即采用多个指标综合评定作物的抗旱性，从而使单个指标对评定抗旱性的片面性会受到其他指标的弥补与缓和，其评定出的结果与实际结果较为接近（龚明，1989）。本研究采用分级法、隶属函数分析法和主成分分析法对不同时期不同材料的抗旱性鉴定指标进行综合分析。

3.2.1 芽期抗旱性鉴定指标的综合分析

3.2.1.1 川香29B NIILs芽期抗旱性鉴定指标综合分析

（1）川香29B NIILs芽期抗旱鉴定指标分级综合分析

在借鉴高吉寅等（1984）、王贺正等（2004）的划级方法的基础上加以改进。以各性状平均值$\bar{x}$为基准，以标准差S作为等级划分依据，其中，$x \geq \bar{x}+S$的为1级；$\bar{x}+S>x \geq \bar{x}$的为2级；$\bar{x}>x \geq \bar{x}-S$的为3级；$x<\bar{x}-S$的为4级；若为负指标，级别值则相反。分别对各个指标进行分级划分，与抗旱性呈正相关的指标相对值越大级别赋值越小，而负相关指标相对值越大级别赋值越大。研究认为，剩余种子干重、根芽比、MDA、可溶性糖、脯氨酸等与抗旱性为负相关（王贺正等，2009；李艳，2006；付立东等，2006），因此相

对值越大赋值越大。再将所有指标的级别值相加求出抗旱级别值之和。最后

计算出本研究提出的分级系数 $GC = \dfrac{nm - \sum\limits_{j=1}^{n} GV_j}{nm - n}$（$n$ 为指标个数；m 为分级级

数；GV_j 表示第 j 个指标的分级级别值）。

该分级评价方法具有以下几个特点：一是排除了人为分级的主观性，保证了分级值的客观性；二是分级系数介于 0~1，不会因指标个数增加而变得太大或太小；三是传统分级值越大表示抗旱性越小，而本研究提出的分级系数越大代表了抗旱性越强，符合人们思维习惯；四是本分级评价方法在不同试验中具有可比性，因而该评价方法具有通用性。

从表 3-23、附表 1 可知，NL4、NL3 的分级系数大于或等于 0.6，抗旱性较强；NL1、NL6、NL5 的分级系数介于 0.4~0.6，抗旱性中等；NL2 的分级系数小于 0.4，抗旱性较弱。

表 3-23　川香 29B NIILs 芽期萌发指标分级系数及材料排序

Table 3-23　Germination index grading coefficient and rank of
Chuanxiang 29B NIILs at germination stage

材料 Material	分级值和 SUM of GV	分级系数 GC	排序 Rank
NL1	36	0.533	3
NL2	43	0.378	6
NL3	33	0.600	2
NL4	32	0.622	1
NL5	41	0.422	5
NL6	38	0.489	4

（2）川香 29B NIILs 芽期鉴定指标隶属函数综合分析

对川香 29B NIILs 芽期干旱胁迫测定的 15 项性状指标按照"2.4"的隶属函数分析法求出每个指标的隶属值，再计算每个指标的权重，最后计算各材料的隶属函数综合指标（MFSV）（表 3-24、表 3-25），依据各材料的综合得分值大小进行抗旱性强弱排序。通过计算不同 PEG 浓度下的隶属函数值，可以看出，T10 和 T15 下供试材料抗旱性排序基本一致，NL3、NL2 的抗旱性相对较强；进一步采用各指标相对值计算每个材料各浓度下的隶属值并求和，以此计算所有胁迫浓度下各材料隶属综合值，各材料的抗旱性大小为 NL3>NL2>NL4>NL1>NL6>NL5，与 T10、T15 下隶属函数值排序基本一致。

表3-24 川香29B近等基因系芽期不同PEG浓度下各指标隶属值和隶属综合值 (MFSV)

Table 3-24 Membership function value and Membership function synthesis value (MFSV) of each index of Chuanxiang 29B NIILs under different PEG concentration at germination stage

干旱胁迫 Drought stress	材料 Material	发芽势 GP	发芽率 GR	萌发指数 GI	最长根长 MRL	剩余种子干重 RSDW	根系活力 RA	可溶性蛋白质 SPC	超氧化物歧化酶 SOD	过氧化物酶 POD	丙二醛 MDA	生长素 IAA	脱落酸 ABA	细胞分裂素 CTK	赤霉素 GA	乙烯 ETH	隶属综合值 MFSV	排序 Rank
T5	NL1	0.746	1.000	0.897	0.000	0.753	0.000	0.514	1.000	0.729	0.000	0.000	0.072	0.022	0.812	0.000	0.486	3
	NL2	0.000	0.000	0.000	0.535	0.848	0.192	1.000	0.749	1.000	0.854	0.404	0.421	0.247	0.000	0.277	0.651	1
	NL3	0.246	0.400	0.531	1.000	1.000	0.363	0.128	0.202	0.345	1.000	1.000	1.000	1.000	0.622	0.707	0.473	4
	NL4	0.761	0.600	1.000	0.129	0.089	0.694	0.676	0.464	0.916	0.909	0.191	0.714	0.000	0.830	0.861	0.577	2
	NL5	0.493	0.394	0.709	0.031	0.000	0.701	0.000	0.113	0.000	0.904	0.094	0.000	0.125	0.227	1.000	0.273	6
	NL6	1.000	1.000	0.695	0.197	0.197	1.000	0.296	0.000	0.243	0.720	0.175	0.394	0.269	1.000	0.364	0.369	5
T10	NL1	0.330	0.733	1.000	0.000	0.819	0.000	0.649	0.842	0.540	1.000	0.023	0.136	0.145	0.440	0.168	0.563	3
	NL2	1.000	1.000	0.884	0.234	1.000	0.036	0.966	0.655	0.680	0.812	0.000	0.434	0.000	0.000	0.000	0.600	2
	NL3	0.000	0.000	0.000	1.000	0.994	0.432	1.000	1.000	1.000	0.881	0.044	0.835	0.192	1.000	0.942	0.892	1
	NL4	0.010	0.237	0.413	0.397	0.085	0.558	0.112	0.181	0.168	0.000	0.147	1.000	0.268	0.618	0.836	0.255	4
	NL5	0.660	0.733	0.841	0.356	0.000	1.000	0.000	0.000	0.000	0.127	0.454	0.000	0.520	0.196	1.000	0.197	6
	NL6	0.340	0.489	0.381	0.428	0.299	0.224	0.205	0.005	0.095	0.155	1.000	0.531	1.000	0.927	0.459	0.203	5
T15	NL1	0.670	1.000	0.933	0.108	0.818	0.000	0.000	1.000	0.258	0.000	0.121	0.058	0.000	0.021	0.176	0.377	3
	NL2	0.000	0.000	0.000	0.474	0.816	0.985	1.000	0.433	1.000	0.545	0.413	0.507	0.187	1.000	0.000	0.692	1
	NL3	0.333	0.890	0.723	1.000	1.000	1.000	0.745	0.365	0.673	1.000	0.000	0.885	0.059	0.703	1.000	0.663	2
	NL4	1.000	1.000	1.000	0.992	0.309	0.228	0.008	0.216	0.000	0.606	0.578	1.000	0.477	0.179	0.945	0.277	4
	NL5	0.667	0.667	0.866	0.804	0.000	0.859	0.249	0.000	0.066	0.259	0.809	0.000	0.671	0.000	0.988	0.249	5
	NL6	0.667	0.777	0.718	0.000	0.337	0.304	0.064	0.056	0.158	0.059	1.000	0.569	1.000	0.046	0.618	0.191	6

（续表）

干旱胁迫 Drought stress	材料 Material	发芽势 GP	发芽率 GR	萌发指数 GI	最长根长 MRL	剩余种子干重 RSDW	根系活力 RA	可溶性蛋白质 SPC	超氧化物歧化酶 SOD	过氧化物酶 POD	丙二醛 MDA	生长素 IAA	脱落酸 ABA	细胞分裂素 CTK	赤霉素 GA	乙烯 ETH	隶属综合值 MFSV	排序 Rank
T20	NL1	0.011	0.000	0.991	0.533	0.874	0.544	1.000	1.000	1.000	0.000	1.000	0.000	1.000	0.526	0.232	0.814	1
	NL2	0.750	0.599	0.000	0.195	0.795	0.155	0.987	0.364	0.726	1.000	0.000	0.353	0.000	0.000	0.000	0.511	4
	NL3	0.000	0.401	0.787	1.000	1.000	0.464	0.907	0.212	0.558	0.588	0.342	0.812	0.555	1.000	0.954	0.604	3
	NL4	0.382	0.599	1.000	0.291	0.182	1.000	0.919	0.333	0.807	0.829	0.695	1.000	0.672	0.772	0.956	0.647	2
	NL5	0.871	1.000	0.924	0.461	0.033	0.173	0.000	0.000	0.000	0.715	0.162	0.053	0.271	0.175	1.000	0.145	6
	NL6	1.000	1.000	0.636	0.000	0.000	0.000	0.440	0.010	0.161	0.367	0.953	0.633	0.996	0.880	0.601	0.252	5

表3-25　川香29B近等基因系芽期各性状每个PEG浓度的隶属值和及隶属综合值（MFSV）

Table 3-25　Membership function value and Membership function synthesis value (MFSV) of each character of Chuanxiang 29B NIILs under different PEG concentration at germination stage

材料 Material	发芽势 GP	发芽率 GR	萌发指数 GI	最长根长 MRL	剩余种子干重 RSDW	根系活力 RA	可溶性蛋白质 SPC	超氧化物歧化酶 SOD	过氧化物酶 POD	丙二醛 MDA	生长素 IAA	脱落酸 ABA	细胞分裂素 CTK	赤霉素 GA	乙烯 ETH	隶属综合值 MFSV	排序 Rank
NL1	1.76	2.73	3.82	0.64	3.26	0.54	2.16	3.84	2.53	1.00	1.14	0.27	1.17	1.80	0.58	1.96	4
NL2	1.75	1.60	0.88	1.44	3.46	1.37	3.95	2.20	3.41	3.21	0.82	1.72	0.43	1.00	0.28	2.16	2
NL3	0.58	1.69	2.04	4.00	3.99	2.26	2.78	1.78	2.58	3.47	1.39	3.53	1.81	3.33	3.60	2.61	1
NL4	2.15	2.44	3.41	1.81	0.67	2.48	1.71	1.19	1.89	2.34	1.61	3.71	1.42	2.40	3.60	1.99	3
NL5	2.69	2.79	3.34	1.65	0.03	2.73	0.25	0.11	0.07	2.00	1.52	0.05	1.59	0.60	3.99	1.09	6
NL6	3.01	3.27	2.43	0.62	0.83	1.53	1.01	0.07	0.66	1.30	3.13	2.13	3.26	2.85	2.04	1.26	5
权重 WC	0.002	0.013	0.058	0.024	0.130	0.140	0.214	0.109	0.057	0.047	0.048	0.036	0.060	0.058	0.058	—	—

3.2.1.2 主推品种芽期抗旱鉴定指标综合分析

（1）主推品种芽期萌发指标分级综合分析

按照本文提出的分级系数评价法对主推品种芽期萌发指标进行分级，将所有 23 个指标的级数值相加求出抗旱级别值之和，并计算出分级系数（表 3-26、附表 2）。可以看出，冈优 99、德香 4923、川优 6203、内 6 优 138、川香优 6 号 5 个品种的分级系数最大（GC>0.6），抗旱性较强；宜香 907、宜香 3724、泸优 137 的分级系数较小（GC<0.4），抗旱性较弱；其余品种的分级系数居中（GC 介于 0.4～0.6），抗旱性中等。同时可以看到，此结果与单一鉴定指标萌发抗旱系数 GIDC，特别是储藏物质转化率（SMCR）的评价结果较为一致。

表 3-26 主推品种芽期抗旱鉴定指标综合分析与抗旱性排序

Table 3-26 Comprehensive analysis of drought resistance indices and drought resistance rank of main popularized rice varieties at germination stage

品种代号 Variety code	萌发抗旱系数 GIDC	排序 Rank	储藏物质转化率 SMCR	排序 Rank	分级系数 GC	排序 Rank	隶属函数综合值 MFSV	排序 Rank	主成分综合值 PCASV	排序 Rank
HY399	0.966	4	0.591	16	0.551	7	0.513	12	0.484	14
CY6203	0.950	6	0.666	3	0.667	3	0.693	2	0.776	1
HY523	0.936	8	0.652	6	0.522	9	0.470	13	0.428	17
CXY6H	1.054	2	0.651	7	0.609	5	0.570	6	0.544	10
CY3727	0.958	5	0.665	4	0.522	9	0.462	14	0.505	12
CY5108	0.908	11	0.624	11	0.522	9	0.526	11	0.572	8
HX7021	0.946	7	0.616	13	0.464	15	0.411	16	0.431	16
GY900	0.913	10	0.627	10	0.522	9	0.526	8	0.684	3
GY99	0.906	12	0.780	1	0.710	1	0.774	1	0.759	2
FYY188	0.922	9	0.608	15	0.594	6	0.579	5	0.624	5
N6Y138	0.980	3	0.702	2	0.652	4	0.618	4	0.571	9
YX907	0.731	19	0.436	20	0.116	20	0.194	20	0.338	19
YX2079	0.830	17	0.572	17	0.362	17	0.403	17	0.388	18
YX2115	0.837	16	0.611	14	0.420	16	0.456	15	0.441	15
YX3724	0.689	20	0.518	19	0.290	19	0.309	19	0.259	20

品种 代号 Variety code	萌发抗 旱系数 GIDC	排序 Rank	储藏物 质转 化率 SMCR	排序 Rank	分级系 数 GC	排序 Rank	隶属函 数综 合值 MFSV	排序 Rank	主成分 综合值 PCASV	排序 Rank
NX8514	0.905	13	0.635	9	0.536	8	0.557	7	0.504	13
DX4923	1.145	1	0.663	5	0.681	2	0.651	3	0.614	6
LY137	0.893	14	0.519	18	0.319	18	0.346	18	0.532	11
CX308	0.821	18	0.644	8	0.507	13	0.526	10	0.665	4
RY908	0.845	15	0.618	12	0.493	14	0.526	9	0.585	7

（2）主推品种芽期抗旱鉴定指标隶属函数综合分析

利用隶属函数法对主推品种芽期所有 23 个指标进行综合分析（表 3-26、附表 3）。根据隶属综合值（MFSV）值进行排序，冈优 99、川优 6203、德香 4923、内 6 优 138、福伊优 188 这 5 个品种列抗旱性综合排名前 5，综合抗旱性最强；宜香 907、宜香 3724 排名最后两位，抗旱性最弱。这与分级系数评价的结果基本一致。

（3）主推品种芽期抗旱性鉴定指标的主成分分析

对主推品种芽期 23 个指标进行主成分分析（表 3-26、附表 4、附表 5），共提取了 7 个特征值大于 1 的新主成分因子，累计贡献率达 87.20%，基本上代表了 23 个原始指标的大部分信息。

决定第一主成分的主要指标有储藏物质转化率、发芽势、活力指数、芽长、芽干重、发芽率、发芽指数、萌发抗旱系数、幼苗相对含水量，相当于 8.08 个原始指标的作用，可反映原始数据信息量的 35.15%，这些指标与第一主成分为正相关关系，可把第一主成分称为"种子萌发和物质利用因子"。

决定第二主成分的主要指标有 α-淀粉酶活性、总淀粉酶活性、β-淀粉酶活性、根干重、剩余种子干重、根芽比，相当于 4.43 个原始指标的作用，可反映原始数据信息量的 19.28%，这些指标与第二主成分为正相关关系，可把第二主成分称为"淀粉酶和根部干物质利用因子"。

决定第三主成分的主要指标有 SOD 活性、最长根长，相当于 2.21 个原始指标的作用，可反映原始数据信息量的 9.59%，SOD 活性与第三主成分为正相关关系，最长根长与第三主成分为负相关关系，可把第三主成分称为

"SOD 活性和最长根长因子"。

决定第四主成分的主要指标有 CAT 活性、MDA 含量，相当于 1.79 个原始指标的作用，可反映原始数据信息量的 7.79%，这些指标与第四主成分为正相关关系，可把第四主成分称为"抗氧化作用因子"。

决定第五主成分的主要指标有根芽比、POD 活性、脯氨酸，相当于 1.25 个原始指标的作用，可反映原始数据信息量的 5.42%，根芽比、POD 活性与第五主成分为负相关关系，脯氨酸与第五主成分为正相关关系，把第五主成分称为"根芽比、抗氧化酶及渗透调节因子"。

决定第六主成分的主要指标有根数、可溶性糖，相当于 1.21 个原始指标的作用，可反映原始数据信息量的 5.27%，这些指标与第六主成分为正相关关系，可把第六主成分称为"根数及渗透调节因子"。

决定第七主成分的主要指标有根数，相当于 1.08 个原始指标的作用，可反映原始数据信息量的 4.71%，与第七主成分为正相关关系，可把第七主成分称为"根数因子"。

根据提取的 7 个主成分特征向量及标准化的指标相对值，分别计算每个主成分的得分值，并用隶属函数法计算每个品种每个主成分指标隶属值，同时以主成分贡献率计算指标所占权重，最后计算出每个品种的综合得分值（PCASV），并对品种抗旱性进行排名，PCASV 值越大的品种其抗旱性越强。可以看出川优 6203、冈优 99、冈优 900、川香 308、福伊优 188 分别排在第一名至第五名，综合抗旱性表现最强，宜香 907、宜香 3724 排名最后两位，综合抗旱性表现最弱，与隶属函数综合值评价结果较为一致。

3.2.2 苗期抗旱性鉴定指标的综合分析

利用反复干旱法对川香 29B NIILs 进行苗期干旱胁迫，对第 2 次干旱后指标测定值与对照的相对值进行隶属函数综合分析（表 3-27）。可以看出，CAT 所占权重最高，为 0.073，远高于其余指标，说明作为一种抗氧化防御酶，该酶在防止干旱胁迫下机体的过氧化反应上响应活跃；根表面积、叶绿素 b 含量、脯氨酸脱氢酶 3 个指标权重次之，在 0.050~0.055；其他指标权重在 0.024~0.048。对各指标求出隶属值，再乘以相应权重，求得各材料隶属综合值，按大小排序为：NL1>NL6>NL2>NL5>NL4>NL3，NL1 抗旱性最强，NL3 抗旱性最弱，其中对照 NL6 抗旱性仅次于 NL1，这与芽期隶属函数综合评价结果差异较大。

表3-27 川香29B NIILs 苗期抗旱性鉴定指标的隶属函数法分析

Table 3-27 Membership function analysis of drought resistance indices of Chuanxiang 29B NIILs at germination stage

材料 Material	总根长 TRL	根表面积 RSA	根粗 RT	根体积 RV	SPAD	叶绿素a含量 Chl-a	叶绿素b含量 Chl-b	类胡萝卜素含量 Car	可溶性糖 SSu	氨基酸 AA	可溶性蛋白含量 SPC	还原型谷胱甘肽 GSH	脯氨酸 Pro	维生素C Vc
NL1	0.99	1.00	0.00	0.89	1.00	1.00	1.00	0.00	0.90	0.42	0.77	0.51	0.76	0.42
NL2	1.00	0.50	0.49	0.72	0.45	0.50	0.98	0.86	0.85	0.89	1.00	0.00	0.00	0.20
NL3	0.00	0.01	0.87	0.24	0.00	0.52	0.75	0.00	0.14	0.00	0.22	0.82	0.69	0.68
NL4	0.35	0.00	1.00	0.00	0.68	0.28	0.00	0.34	0.00	1.00	0.54	0.58	1.00	0.00
NL5	0.08	0.10	0.85	0.37	0.23	0.24	0.09	1.00	0.44	0.78	0.55	1.00	0.59	1.00
NL6	0.69	0.66	0.75	1.00	0.20	0.00	0.00	0.61	1.00	0.90	0.00	0.43	0.66	0.15
权重 WC	0.042	0.054	0.027	0.036	0.042	0.040	0.052	0.045	0.038	0.028	0.035	0.031	0.027	0.046

材料 Material	丙二醛 MDA	生长素 IAA	脱落酸 ABA	细胞分裂素 CTK	赤霉素 GA	乙烯 ETH	过氧化物酶 POD	超氧化物歧化酶 SOD	过氧化氢酶 CAT	吡咯啉-5-羧酸合成酶 P5CS	δ-鸟氨酸转氨酶 δ-OAT	脯氨酸脱氢酶 ProDH	隶属综合值 MFSV	排序 Rank
NL1	0.22	1.00	0.91	1.00	0.73	0.94	1.00	0.91	0.14	1.00	0.51	0.67	0.698	1
NL2	0.00	0.00	1.00	0.71	0.74	0.93	0.00	1.00	0.28	0.06	1.00	0.00	0.533	3
NL3	0.29	0.42	0.48	0.00	0.00	0.99	0.91	0.00	0.00	0.00	0.06	0.05	0.274	6
NL4	0.82	0.53	0.95	0.73	1.00	0.00	0.95	0.89	0.02	1.00	0.00	1.00	0.439	5
NL5	0.84	0.87	0.83	0.72	0.81	0.58	0.99	0.80	0.08	0.37	0.21	0.03	0.497	4
NL6	1.00	0.23	0.00	0.72	0.02	1.00	0.96	0.76	1.00	0.67	0.95	0.99	0.614	2
权重 WC	0.038	0.037	0.028	0.026	0.039	0.026	0.024	0.025	0.073	0.042	0.048	0.052		

3.2.3 分蘖期和穗分化期抗旱性鉴定指标的综合分析

3.2.3.1 主推品种分蘖期和穗分化期干旱下隶属函数综合分析

对 30 个主推品种运用隶属函数法进行抗旱性综合评价（表 3-28）。在分蘖期干旱处理下，内香 2550、内香 2128、内 5 优 5399、宜香 4245、内 2 优 6 号抗旱性最强；在穗分化期干旱处理下，宜香 1108、乐丰优 329、内香 8156、内 5 优 317、川作 6 优 177 综合得分排名前 5。分蘖期和穗分化干旱条件下，30 个参试品种隶属函数法分析排名存在较大差异，说明水稻不同生育时期的抗旱性并不相同，在评价或鉴定抗旱性时应当根据生育期的不同而有所区别。

表 3-28 主推品种分蘖期和穗分化期干旱下各指标隶属函数法分析

Table 3-28 Membership function analysis of each index of main popularized rice varieties under drought stress during tillering and panicle initiation stages

品种代号 Variety code	分蘖期干旱处理 Drought treatment at tillering stage		穗分化期干旱处理 Drought treatment at panicle initiation stage	
	隶属综合值 MFSV	排序 Rank	隶属综合值 MFSV	排序 Rank
GY802	0.351	28	0.507	13
MX576	0.382	21	0.520	10
R18Y188	0.458	9	0.523	8
YX7808	0.435	13	0.497	15
YX2079	0.333	29	0.522	9
DY6511	0.418	15	0.509	12
N2Y6H	0.478	5	0.443	20
CX858	0.379	23	0.387	28
CXY3203	0.465	6	0.408	27
N5Y39	0.440	12	0.480	17
RD415	0.395	19	0.422	23
YXY2168	0.371	25	0.463	19
TY99	0.392	20	0.338	29
N5Y317	0.463	8	0.559	4
CZ6Y177	0.321	30	0.532	5
NXY18H	0.409	16	0.523	7

品种代号 Variety code	分蘖期干旱处理 Drought treatment at tillering stage		穗分化期干旱处理 Drought treatment at panicle initiation stage	
	隶属综合值 MFSV	排序 Rank	隶属综合值 MFSV	排序 Rank
XLY727	0.352	27	0.463	18
YX4245	0.544	4	0.487	16
NX8156	0.420	14	0.561	3
GX707	0.463	7	0.426	22
IIYH2H	0.375	24	0.198	30
NX2128	0.546	2	0.411	26
NX2550	0.606	1	0.417	25
N5Y5399	0.544	3	0.422	24
YXY7633	0.445	10	0.436	21
YX4106	0.442	11	0.504	14
CGY202	0.402	17	0.525	6
LFY329	0.396	18	0.570	2
YX1108	0.380	22	0.810	1
CXY727	0.359	26	0.510	11

3.2.3.2 主推品种分蘖期和穗分化期抗旱性鉴定指标主成分分析

对分蘖期、穗分化期各指标相对值进行主成分分析（表 3-29、表 3-30）：分蘖期干旱处理下提取 4 个新指标，累计贡献率 85.55%；穗分化期干旱处理下提取 4 个新指标，累计贡献率 82.37%。以各新指标的特征值计算新指标权重，对各品种计算综合得分值并排序，分蘖期干旱鉴定排列前 10 的品种为内香 2550、内 5 优 5399、宜香 4245、川香优 3203、内 2 优 6 号、冈香 707、宜香优 7633、内 5 优 317、内 5 优 39、宜香 4106；穗分化期干旱鉴定排列前 10 的品种为绵香 576、内 5 优 317、宜香 4106、川香优 727、宜香 1108、D 优 6511、内香 8156、蓉 18 优 188、川谷优 202、宜香 4245。其中，内 5 优 317、宜香 4245、宜香 4106 在分蘖期干旱和穗分化期抗旱性排名均位于前 10 名。对比两个时期主成分综合值（PCASV），参试品种排名顺序并不一致。

表 3-29　主推品种分蘖期和穗分化期干旱下各指标主成分
特征向量、特征值、累计贡献率

Table 3-29　Eigenvectors, eigenvalue and accumulated contribution ratio of each
index principal components of main popularized rice varieties under drought
stress during tillering and panicle initiation stages

指标 Index	分蘖期干旱处理 Drought treatment at tillering stage				穗分化期干旱处理 Drought treatment at panicle initiation stage			
	因子 1 CI (1)	因子 2 CI (2)	因子 3 CI (3)	因子 4 CI (4)	因子 1 CI (1)	因子 2 CI (2)	因子 3 CI (3)	因子 4 CI (4)
最高分蘖 MT	0.358	0.010	-0.447	0.672	0.174	0.325	-0.594	0.538
齐穗期 LAI HS-LAI	-0.407	-0.488	-0.253	0.146	0.222	0.714	0.127	-0.192
粒叶比 GLR	0.527	0.212	0.313	0.012	-0.535	-0.233	-0.027	0.427
有效穗 EP	0.486	0.057	-0.203	-0.076	-0.156	0.241	0.731	0.482
穗总粒数 TGP	0.149	-0.559	0.652	0.419	-0.352	0.461	-0.164	0.140
结实率 SSR	-0.331	0.451	0.014	0.581	0.517	-0.054	0.260	0.167
千粒重 KGW	-0.245	0.444	0.415	0.088	0.468	-0.238	-0.038	0.461
特征值 Char-V	3.005	1.264	0.931	0.789	2.323	1.522	1.087	0.834
贡献率 CR	42.93	18.05	13.29	11.28	33.18	21.75	15.53	11.91
累计贡献率 ACR	42.93	60.98	74.27	85.55	33.18	54.93	70.46	82.37

表 3-30　主推品种分蘖期和穗分化期干旱下各指标主成分分析

Table 3-30　Principal component analysis (PCA) of each indices of main popularized
rice varieties under drought stress during tillering and panicle initiation stages

品种代号 Variety code	分蘖期干旱处理 Drought treatment at tillering stage						穗分化期干旱处理 Drought treatment at panicle initiation stage					
	指标 Index				PCASV	排序 Rank	指标 Index				PCASV	排序 Rank
	$\mu1$	$\mu2$	$\mu3$	$\mu4$			$\mu1$	$\mu2$	$\mu3$	$\mu4$		
GY802	-1.33	-0.30	1.47	-0.58	0.23	28	0.48	-0.39	-0.71	0.42	0.60	13
MX576	-1.96	0.19	0.68	-0.75	0.23	29	2.10	-0.38	0.68	1.11	0.76	1
R18Y188	-0.85	0.51	-1.24	-0.27	0.40	13	1.91	0.09	0.54	-0.84	0.64	8
YX7808	-1.14	-0.29	-1.13	0.28	0.36	16	-0.34	0.00	1.83	-0.71	0.60	12
YX2079	0.13	-1.47	1.60	-0.47	0.28	25	-0.93	-0.90	0.17	-0.96	0.53	20
DY6511	-0.81	0.48	-0.26	-0.25	0.37	15	1.58	0.11	-0.25	0.89	0.66	6
N2Y6H	1.29	-0.44	-2.81	-0.43	0.55	5	-0.79	1.39	-0.10	-1.47	0.40	29
CX858	-0.61	0.62	0.73	-0.43	0.35	19	0.94	2.14	0.61	-0.22	0.52	23
CXY3203	-0.29	2.46	-0.73	1.69	0.57	4	-0.68	0.98	1.11	0.77	0.57	15
N5Y39	1.22	0.35	0.71	0.45	0.49	9	-0.37	-0.31	-1.06	0.27	0.53	21

品种代号 Variety code	分蘖期干旱处理 Drought treatment at tillering stage						穗分化期干旱处理 Drought treatment at panicle initiation stage					
	指标 Index				PCASV	排序 Rank	指标 Index				PCASV	排序 Rank
	μ1	μ2	μ3	μ4			μ1	μ2	μ3	μ4		
RD415	−1.11	−0.83	1.06	1.42	0.30	23	0.37	1.34	−1.04	−1.14	0.43	28
YXY2168	−2.35	−1.74	−0.08	0.30	0.18	30	0.15	0.25	0.25	0.79	0.60	11
TY99	−1.90	1.37	0.92	0.84	0.33	20	0.99	3.06	−0.24	1.21	0.51	24
N5Y317	1.37	1.57	1.67	−0.19	0.49	8	0.24	−1.75	1.84	−0.11	0.74	2
CZ6Y177	−1.97	1.80	−0.33	−1.09	0.32	21	0.07	−1.41	−1.67	0.45	0.59	14
NXY18H	0.28	−0.71	0.35	−0.74	0.35	18	−0.65	−0.93	0.04	−1.30	0.53	22
XLY727	1.12	−1.59	0.66	−0.83	0.36	17	−2.08	−0.23	0.58	−1.61	0.44	27
YX4245	2.08	0.03	−0.72	0.71	0.59	3	0.44	−0.05	0.55	−0.12	0.61	10
NX8156	−0.57	1.58	−0.49	0.02	0.45	12	1.68	−0.78	−0.81	0.17	0.66	7
GX707	1.40	0.00	−1.12	−0.17	0.53	6	−0.76	0.96	1.78	−0.57	0.54	19
IIYH2H	0.66	−2.62	−0.85	0.80	0.39	14	−5.11	1.01	−1.77	0.17	0.21	30
NX2128	0.23	−0.75	−0.54	1.29	0.45	11	−0.47	1.04	0.66	0.73	0.55	16
NX2550	5.09	0.49	0.02	−0.90	0.73	1	−1.18	0.60	−0.86	1.07	0.49	26
N5Y5399	3.37	0.31	0.75	1.59	0.67	2	−0.72	0.38	−0.01	0.87	0.55	17
YXY7633	0.75	1.09	0.16	0.16	0.50	7	1.45	1.49	−0.17	−0.42	0.54	18
YX4106	2.05	−0.69	0.85	−0.69	0.46	10	0.25	−1.52	−0.13	1.93	0.73	3
CGY202	−0.43	−0.09	−0.66	−2.31	0.32	22	−1.74	−2.39	0.77	0.19	0.64	9
LFY329	−2.34	−1.02	−0.13	1.10	0.24	27	0.67	−1.03	−2.63	−0.82	0.50	25
YX1108	−1.89	0.53	−0.37	−0.68	0.29	24	3.40	−0.87	−0.84	−1.42	0.68	5
CXY727	−1.51	−0.83	−0.15	0.11	0.27	26	−0.90	−1.90	0.86	0.68	0.68	4
权重 WC	0.50	0.21	0.16	0.13	—	—	0.40	0.26	0.19	0.14	—	—

注：PCASV 表示主成分综合值。

Note：PCASV means Principal component analysis synthesis value.

3.2.4 全生育期抗旱性鉴定指标的综合分析

3.2.4.1 川香 29B NIILs 全生育期抗旱性鉴定指标的综合分析

在全生育干旱胁迫下，对川香 29B NIILs 各胁迫程度下指标相对值求和后进行隶属分析（表3-31）。可以看出，水分利用效率所占权重最高，为0.087，这直观反映了干旱胁迫下水分利用与抗旱性的关系；穗颈节长、谷粒长、经济产量亦占有相当高的权重，在 0.083~0.085；单株有效穗权重为0.073，其余指标权重低于 0.070。根据各材料隶属综合值，按大小排序为：

NL3>NL2>NL1>NL5>NL4>NL6。其中，NL3 抗旱性最强，NL2 抗旱性次之，两份材料隶属综合值远高于其余 4 份材料，NL1、NL5 分列 3、4 位，抗旱能力居中，NL4、NL6 抗旱性最弱。这与芽期综合评价结果基本一致，而与苗期抗旱性鉴定结果相差较大。

表 3-31　川香 29B NIILs 全生育期干旱抗旱鉴定指标的隶属函数值

Table 3-31　Membership function value of drought resistance indices of Chuanxiang 29B NIILs under whole-growth-stage drought stress

材料 Material	净光合 速率 NPR	穗长 PL	穗颈 节长 NPNL	一次枝 梗数 PBNP	谷粒长 GL	谷粒宽 GW	谷粒长 宽比 GL/W	单株有 效穗数 EP/P	穗实 粒数 FGP
NL1	1.00	0.50	0.00	1.00	0.13	1.00	0.00	0.14	0.55
NL2	1.00	0.74	0.15	0.28	1.00	0.29	0.95	0.77	0.95
NL3	0.00	1.00	1.00	0.20	0.84	0.00	1.00	1.00	0.36
NL4	0.35	0.00	0.06	0.79	0.00	0.80	0.12	0.00	1.00
NL5	0.40	0.74	0.47	0.44	0.16	0.32	0.55	0.23	0.46
NL6	0.29	0.57	0.36	0.00	0.20	0.50	0.35	0.35	0.00
权重 WC	0.063	0.045	0.085	0.065	0.085	0.059	0.066	0.073	0.053

材料 Material	结实率 SSR	千粒重 KGW	经济 产量 EY	生物 产量 BY	收获 指数 HI	水分利 用效率 EYWUE	隶属函 数综 合值 MFSV	排序 Rank
NL1	0.00	0.58	0.17	1.00	0.00	0.18	0.380	3
NL2	0.99	0.40	0.81	0.51	0.87	0.82	0.701	2
NL3	1.00	1.00	1.00	0.71	1.00	1.00	0.763	1
NL4	0.61	0.00	0.15	0.24	0.31	0.10	0.274	5
NL5	0.77	0.22	0.20	0.48	0.17	0.355	4	
NL6	0.23	0.48	0.00	0.42	0.10	0.00	0.242	6
权重 WC	0.053	0.059	0.083	0.057	0.069	0.087	—	—

3.2.4.2　杂交稻组合全生育期抗旱性鉴定指标的综合分析

（1）杂交稻组合全生育期干旱下相关性状隶属函数综合分析

水稻产量及产量构成因素与其抗旱性密切相关，可以利用隶属函数平均值（MFAV）的大小来反映水稻的抗旱性强弱（表 3-32）。依照隶属函数平均值大小排序，各组合抗旱性强弱为 CC8>CC2>CC7>CC1>CC10>CC9>CC4>CC3>GY725>CC5>CC6。

对各性状相对值的标准差系数归一化处理得到其权重，计算各个组合隶属函数综合值 MFSV＝Σ各指标隶属值×权重（表 3-33）。可以看到，CC8、

CC9、CC2 的隶属函数综合值较大（MFSV > 0.6），抗旱性较强；CC6、GY725 的隶属函数综合值较小（MFSV<0.3），抗旱性弱。这与隶属函数平均值、产量抗旱指数和产量抗旱系数评价结果基本一致。

表 3-32　杂交稻组合全生育期干旱下各指标相对值的隶属函数平均值

Table 3-32　Membership function average value of each index relative value of rice cross combination under whole-growth-stage drought stress

组合代号 Combination code	株高 PH	有效穗数 EP	穗总粒数 TGP	穗实粒数 FGP	穗秕粒数 UGP	穗总粒重 TGWP	穗实粒重 FGWP	穗秕粒重 UGWP	结实率 SSR	千粒重 KGW	隶属函数平均值 MFAV	排序 Rank
GY725	0.953	0.652	0.380	0.000	0.209	0.173	0.000	0.785	0.000	0.742	0.389	9
CC1	0.651	0.847	0.598	0.452	0.263	0.658	0.556	0.746	0.579	0.444	0.579	4
CC2	1.000	0.743	0.838	0.516	0.325	0.890	0.696	0.630	0.502	0.286	0.643	2
CC3	0.000	0.000	0.776	0.304	0.285	0.593	0.341	0.641	0.369	0.664	0.397	8
CC4	0.378	1.000	0.681	0.147	0.192	0.395	0.161	0.797	0.168	0.687	0.461	7
CC5	0.275	0.085	0.449	0.222	0.425	0.660	0.285	0.357	0.319	0.000	0.308	10
CC6	0.049	0.834	0.000	0.046	0.000	0.000	0.051	1.000	0.241	0.685	0.291	11
CC7	0.851	0.137	1.000	0.483	0.602	0.955	0.412	0.294	0.402	0.983	0.612	3
CC8	0.566	0.649	0.830	1.000	0.303	1.000	1.000	0.820	1.000	1.000	0.817	1
CC9	0.409	0.399	0.507	0.608	0.116	0.698	0.686	0.855	0.823	0.653	0.575	6
CC10	0.524	0.993	0.757	0.367	1.000	0.514	0.356	0.000	0.419	0.850	0.578	5

表 3-33　杂交稻组合全生育期干旱下各指标的隶属函数权重值、综合值及抗旱评价

Table 3-33　Weight value, synthesis value of membership function and drought resistance evaluation of rice cross combination under whole-growth-stage drought stress

组合代号 Combination code	株高 PH	有效穗数 EP	穗总粒数 TGP	穗实粒数 FGP	穗秕粒数 UGP	穗总粒重 TGWP	穗实粒重 FGWP	穗秕粒重 UGWP	结实率 SSR	千粒重 KGW	隶属函数综合值 MFSV	排序 Rank
GY725	0.025	0.025	0.029	0.000	0.024	0.017	0.000	0.099	0.000	0.027	0.246	10
CC1	0.017	0.032	0.045	0.078	0.031	0.064	0.092	0.094	0.085	0.016	0.554	4
CC2	0.026	0.028	0.063	0.089	0.038	0.086	0.115	0.079	0.073	0.010	0.609	3
CC3	0.000	0.000	0.059	0.052	0.033	0.057	0.057	0.081	0.054	0.024	0.417	7

（续表）

组合代号 Combination code	株高 PH	有效穗数 EP	穗总粒数 TGP	穗实粒数 FGP	穗秕粒数 UGP	穗总粒重 TGWP	穗实粒重 FGWP	穗秕粒重 UGWP	结实率 SSR	千粒重 KGW	隶属函数综合值 MFSV	排序 Rank
CC4	0.010	0.038	0.052	0.025	0.022	0.038	0.027	0.101	0.025	0.025	0.362	8
CC5	0.007	0.003	0.034	0.038	0.050	0.064	0.047	0.045	0.047	0.000	0.335	9
CC6	0.001	0.032	0.000	0.008	0.000	0.000	0.008	0.126	0.035	0.025	0.236	11
CC7	0.022	0.005	0.076	0.083	0.070	0.092	0.068	0.037	0.059	0.036	0.549	5
CC8	0.015	0.025	0.063	0.172	0.035	0.097	0.166	0.103	0.146	0.037	0.858	1
CC9	0.011	0.015	0.038	0.104	0.014	0.067	0.114	0.108	0.120	0.024	0.616	2
CC10	0.014	0.038	0.057	0.063	0.117	0.050	0.059	0.000	0.061	0.031	0.490	6
变异系数 CV	0.357	0.519	1.033	2.348	1.598	1.320	2.267	1.723	2.001	0.501	—	—
权重 WC	0.026	0.038	0.076	0.172	0.117	0.097	0.166	0.126	0.146	0.037	—	—

（2）杂交稻组合全生育期干旱下各性状主成分分析

由表3-34可知，前3个主成分累积贡献率≥80.11%，可见，采用前3个主成分就能体现10个原始指标80%的信息量。第一主成分的大小主要取决于穗总粒重（0.452）、穗实粒数（0.441）、穗实粒重（0.427）、穗总粒数（0.388）和结实率（0.382），它等同于4.42个原始指标的作用，囊括原始数据44.21%的信息量。水稻干旱胁迫后，穗总粒重、穗实粒数、穗实粒重、穗总粒数和结实率的相对值越大，则第一主成分越大。第二主成分大小主要取决于穗秕粒重（0.597）、穗秕粒数（0.560），它相当于2.22个原始指标的作用，涵盖原始数据22.24%的信息量。干旱胁迫后，穗秕粒重、穗秕粒数的相对值越大，穗实粒重和结实率的相对值越小，则第二主成分越大。第三主成分大小主要取决于有效穗（0.713）、千粒重（-0.519）和株高（0.401），它等价于1.37个原始指标的作用，反映原始数据13.67%的信息量。干旱胁迫后，有效穗、株高的相对值越大，千粒重的相对值越小，则第三主成分越大。综上所述，第一主成分可被称作"穗重因子"，第二主成分可被称作"结实因子"，第三主成分可被称作"穗数因子"。

根据主成分综合值对品种抗旱性进行排序（表3-35），CC10、CC7、CC8的PCASV大于0.7，居于前3位，抗旱性较强；CC6、CC5、GY725的PCASV居于后3位，抗旱性为弱，这与隶属函数综合分析基本一致。

表 3-34 杂交稻组合全生育期干旱下各成分的特征向量与综合值

Table 3-34 Eigenvectors and synthesis value of each component of rice cross combination under whole-growth-stage drought stress

指标 Index	特征向量 Eigenvector									
	1	2	3	4	5	6	7	8	9	10
株高 PH	0.180	0.179	0.401	0.649	-0.397	-0.416	0.096	0.093	0.056	0.037
有效穗数 EP	-0.090	-0.043	0.713	0.172	0.529	0.348	-0.217	0.039	-0.045	0.023
穗总粒数 TGP	0.388	0.239	0.024	-0.004	-0.292	0.720	0.329	0.190	0.151	0.142
穗实粒数 FGP	0.441	-0.228	0.051	-0.079	0.091	-0.116	-0.124	-0.534	0.413	0.502
穗秕粒数 UGP	0.207	0.560	0.063	-0.161	0.315	-0.170	0.214	-0.246	0.319	-0.527
穗总粒重 TGWP	0.452	0.002	-0.188	0.153	-0.115	0.148	-0.740	0.013	-0.109	-0.378
穗实粒重 FGWP	0.427	-0.267	0.003	0.087	0.173	-0.023	0.415	-0.261	-0.668	-0.146
穗秕粒重 UGWP	0.162	0.597	-0.135	-0.082	0.263	-0.177	-0.170	0.208	-0.374	0.529
结实率 SSR	0.382	-0.339	-0.013	-0.131	0.285	-0.258	0.113	0.704	0.251	-0.050
千粒重 KGW	-0.110	-0.013	-0.519	0.680	0.420	0.158	0.116	-0.027	0.195	0.051
特征值 Char-V	4.421	2.224	1.366	0.957	0.727	0.272	0.021	0.010	0.002	0.001
贡献率 CR	44.207	22.238	13.664	9.572	7.268	2.716	0.211	0.104	0.017	0.005
累计贡献率 ACR	44.20	66.44	80.10	89.68	96.94	99.66	99.87	99.97	99.99	100.00

表 3-35 杂交稻组合全生育期干旱下各指标主成分分析综合值与抗旱性排序

Table 3-35 PCASV of indices and drought resistance rank of rice cross combination under whole-growth-stage drought stress

组合代号 Combination code	主成分综合值 PCASV	排序 Rank
GY725	0.406	9
CC1	0.523	5
CC2	0.640	4
CC3	0.421	8
CC4	0.437	7
CC5	0.395	10
CC6	0.164	11

组合代号 Combination code	主成分综合值 PCASV	排序 Rank
CC7	0.769	2
CC8	0.707	3
CC9	0.459	6
CC10	0.797	1

3.3 水稻抗旱性鉴定指标筛选

抗旱性鉴定指标的选择是开展水稻抗旱性鉴定的基本前提。抗旱性鉴定指标很多，包括形态指标、生长发育指标、生理生化指标、产量指标、品质指标以及综合指标等。由于作物在不同生育阶段的抗旱机理不同，导致不同生育时期的抗旱性存在差异，为提高抗旱性评价的准确性和科学性，应针对不同生育时期选择和确定最为有效的鉴定指标（孙彩霞等，2002；王贺正等，2009）。

3.3.1 水稻芽期抗旱性鉴定指标筛选

3.3.1.1 川香29B NIILs 芽期各指标间相关性分析

由表3-36可知，种子萌发抗旱系数在 T5 下仅与发芽势显著正相关；在 T10 下与发芽率显著正相关，与最长根长显著负相关；在 T15 下与发芽势、发芽率、蛋白质含量显著或极显著正相关，而与 POD、GA 显著负相关；在 T20 下与所有指标均无显著相关性。此外，萌发抗旱系数与剩余种子干重在各个胁迫浓度下均无显著相关性。

不同 PEG 浓度处理下的隶属函数综合值在 T5 下与剩余种子干重显著负相关；在 T10 下与 SOD、POD 显著正相关，与可溶性蛋白质显著负相关；在 T15 下与剩余种子干重、IAA、CTK 显著负相关；在 T20 下与剩余种子干重、可溶性蛋白质显著负相关。可见，剩余种子干重在 T5、T15、T20 下均与隶属综合值具有显著关系，可作为芽期抗旱性鉴定重要指标予以考虑。不同 PEG 浓度下萌发抗旱系数与隶属函数综合值相关性均不显著。

表 3-36 川香 29B NIILs 芽期不同 PEG 浓度下各指标相对值与
萌发抗旱系数和隶属函数综合值的偏相关性

Table 3-36 Partial correlation between each indexrelative value and drought
coefficient of germination index，MFSV of Chuanxiang 29B NIILs under
different PEG concentration at germination stage

指标 Index	萌发抗旱系数 GIDC				隶属综合值 MFSV			
	T5	T10	T15	T20	T5	T10	T15	T20
发芽势 GP	0.815*	0.713	0.900*	-0.416	-0.542	-0.310	-0.423	-0.762
发芽率 GR	0.751	0.915*	0.947**	-0.177	-0.337	-0.388	-0.016	-0.699
最长根长 MRL	-0.570	-0.914*	0.156	0.364	0.738	0.398	0.370	0.591
剩余种子干重 RSDW	0.536	0.027	0.397	0.253	-0.819*	-0.770	-0.870*	-0.856*
根系活力 RA	0.297	-0.181	-0.595	0.545	-0.636	-0.432	0.226	0.465
可溶性蛋白质 SPC	0.395	0.109	0.840*	0.223	-0.375	-0.825*	-0.542	-0.861*
超氧化物歧化酶 SOD	-0.096	-0.090	-0.015	0.158	0.437	0.868*	0.511	0.414
过氧化物酶 POD	-0.201	-0.279	-0.873*	-0.016	0.570	0.905*	0.638	0.716
丙二醛 MDA	0.338	-0.161	0.217	0.507	-0.059	-0.672	-0.734	-0.128
生长素 IAA	-0.437	-0.175	0.064	0.543	0.720	-0.778	-0.874*	-0.169
脱落酸 ABA	0.116	0.788	0.041	-0.037	-0.719	-0.566	-0.557	-0.401
细胞分裂素 CTK	-0.360	-0.248	0.180	0.606	0.560	-0.755	-0.825*	-0.132
赤霉素 GA	0.750	-0.854*	-0.828*	0.495	-0.060	0.190	0.707	0.254
乙烯 ETH	-0.220	0.575	-0.622	-0.663	0.196	0.135	0.147	0.174
萌发抗旱系数 GIDC	1.000	1.000	1.000	1.000	-0.285	-0.368	-0.259	-0.192

从各指标相对值和与隶属函数综合值相关分析来看（表3-37），隶属综合值与发芽势、剩余种子干重、可溶性蛋白质含量和 POD 显著相关。发芽势与剩余种子干重、POD 显著相关，剩余种子干重与可溶性蛋白含量、POD 显著相关。因此，在水稻芽期抗旱性鉴定中，可选用发芽势等种子萌发特性指标，剩余种子干重等生长特性指标，POD 和可溶性蛋白含量等指标。同时，萌发抗旱系数与隶属综合值相关性不显著，把它作为芽期抗旱性鉴定的重要指标有待进一步研究。

表3-37 川香29B近等基因系芽期不同PEG浓度下各指标相对值和与隶属综合值相关性

Table 3-37 Correlation analysis of each indexrelative value and MFSV of Chuanxiang 29B NIILs under different PEG concentration at germination stage

指标 Index	发芽势 GP	发芽率 GR	萌发指数 GI	最长根长 MRL	剩余种子干重 RSDW	根系活力 RA	可溶性蛋白质 SPC	超氧化物歧化酶 SOD	过氧化物酶 POD	丙二醛 MDA	生长素 IAA	脱落酸 ABA	细胞分裂素 CTK	赤霉素 GA	乙烯 ETH
发芽势 GP															
发芽率 GR	0.748														
萌发指数 GI	0.217	0.722													
最长根长 MRL	-0.736	-0.591	-0.114												
剩余种子干重 RSDW	0.913*	0.723	0.409	-0.500											
根系活力 RA	0.561	0.411	0.315	0.111	0.799										
可溶性蛋白质 SPC	0.762	0.811*	0.589	-0.409	0.901*	0.749									
超氧化物歧化酶 SOD	-0.659	-0.362	-0.024	0.022	-0.779	-0.926**	-0.701								
过氧化物酶 POD	-0.832*	-0.856	-0.582	0.469	-0.936**	-0.749	-0.990**	0.711							
丙二醛 MDA	0.744	0.928**	0.562	-0.823*	0.618	0.136	0.694	-0.159	-0.740						
生长素 IAA	0.783	0.699	0.119	-0.378	0.679	0.585	0.670	-0.753	-0.726	0.592					
脱落酸 ABA	0.130	0.176	0.058	-0.538	0.094	-0.261	0.309	0.177	-0.236	0.431	-0.070				
细胞分裂素 CTK	0.636	0.721	0.266	-0.201	0.588	0.594	0.668	-0.703	-0.707	0.552	0.962**	-0.127			
赤霉素 GA	-0.319	-0.020	0.085	0.585	-0.333	0.040	-0.296	0.010	0.254	-0.260	0.173	-0.784	0.344		
乙烯 ETH	-0.152	-0.314	-0.589	-0.441	-0.501	-0.845*	-0.576	0.607	0.545	0.028	-0.244	0.358	-0.382	-0.267	
隶属综合值 MFSV	-0.860*	-0.712	-0.240	0.684	-0.842*	-0.524	-0.883*	0.637	0.885*	-0.750	-0.717	-0.531	-0.613	0.526	0.161

3.3.1.2 主推品种芽期不同抗旱指标相关性分析

对主推品种芽期干旱下 23 个指标进行相关性分析，从表 3-38 可知，种子萌发的形态生长指标间相关性较高，尤其是萌发生长指标相关性很高，而生理指标间相关性较弱。从正负相关性来看，剩余种子干重、根芽比、丙二醛、可溶性糖、脯氨酸与其他指标基本呈负相关关系，而其余指标之间大多呈正相关关系。发芽势、发芽率、发芽指数、活力指数、萌发抗旱系数、芽长、芽干重、储藏物质转化率、幼苗相对含水量、脯氨酸含量这 10 个指标间相关性高，其中前 9 个指标间呈正相关，且与脯氨酸含量呈负相关（芽干重除外），均达显著或极显著水平。

种子萌发生长指标是种子萌发生长的综合表征，往往被用作抗旱性鉴定指标（Bouslama et al., 1984；徐建欣等，2015）。相关分析显示，萌发抗旱系数与发芽指数间相关性最高（$r = 0.967^{**}$），同时与发芽势、发芽率、活力指数、芽长、芽干重、储藏物质转化率、幼苗相对含水量、SOD 活性呈显著或极显著正相关关系，与脯氨酸呈显著负相关关系。发芽指数与发芽势、发芽率、活力指数、萌发抗旱系数、芽长、芽干重、储藏物质转化率、幼苗相对含水量、SOD 活性呈显著正相关关系；与根芽比、脯氨酸呈显著的负相关关系。活力指数与发芽势、发芽率、发芽指数、萌发抗旱系数、芽长、最长根长、芽干重、储藏物质转化率、幼苗相对含水量呈显著正相关关系；与脯氨酸呈显著的负相关关系。发芽势与发芽率显著正相关，并与发芽指数、活力指数、萌发抗旱系数、芽长、芽干重、储藏物质转化率、幼苗相对含水量呈极显著或显著正相关，与脯氨酸呈显著负相关。

对主推品种芽期的萌发指标与综合指标进行相关性分析（表 3-39）。可以看出，除发芽指数与主成分综合值相关性未达显著水平外，其余指标间均达极显著或显著正相关；在综合指标之间，分级系数和隶属函数综合值的相关系数最高（$r = 0.962^{**}$）；在单一指标与综合指标间，储藏物质转化率与分级系数、隶属函数综合值的相关性最高（$r = 0.913^{**}$、$r = 0.901^{**}$）。

与隶属函数综合值显著相关的有发芽势、发芽率、发芽指数、活力指数、萌发抗旱系数、芽长、最长根长、芽干重、根干重、储藏物质转化率、幼苗相对含水量、α-淀粉酶、总淀粉酶、β-淀粉酶、脯氨酸。其中，发芽势、发芽率、发芽指数、活力指数、萌发抗旱系数间均呈极显著正相关；同时，储藏物质转化率、芽长、芽干重、脯氨酸、幼苗相对含水量分别与发芽势、发芽率、发芽指数、活力指数、萌发抗旱系数有极显著或显著的关系，可以选择性使用这些指标。

表3-38 主推品种芽期干旱胁迫下各指标相对值的相关性分析

Table 3-38 Correlation analysis of indices relative value of main popularized rice varieties under germination-stage drought stress

指标 Index	发芽势 GP	发芽率 GR	发芽指数 BI	活力指数 VI	萌发抗旱系数 GIDC	芽长 BL	最长根长 MRL	根数 RN	芽干重 BDW	根干重 RDW	剩余种子干重 RSDW	根芽比 RSR	储藏物质转化率 SMCR	幼苗相对含水量 SRWC	超氧化物歧化酶 SOD	过氧化物酶 POD	过氧化氢酶 CAT	丙二醛 MDA	α-淀粉酶活性 α-AA	总淀粉酶活性 T-AA	β-淀粉酶活性 β-AA	可溶性糖 SSu	脯氨酸 Pro
GP																							
GR	0.892**																						
BI	0.832**	0.719**																					
VI	0.681**	0.578**	0.710**																				
GIDC	0.795**	0.692**	0.967**	0.781**																			
BL	0.561*	0.525*	0.462*	0.838**	0.536*																		
MRL	0.223	0.147	0.166	0.778**	0.292	0.606**																	
RN	0.228	0.278	0.274	0.366	0.310	0.279	0.268																
BDW	0.722**	0.582*	0.714**	0.672**	0.656**	0.686**	0.220	0.149															
RDW	0.326	0.323	0.014	0.351	0.064	0.492*	0.371	0.336	0.313														
RSDW	-0.160	-0.067	-0.308	-0.269	-0.250	-0.076	-0.228	0.211	-0.083	0.302													
RSR	-0.193	-0.077	-0.469*	-0.148	-0.386	-0.028	0.171	0.201	-0.441	0.703**	0.319												
SMCR	0.750**	0.670**	0.611**	0.745**	0.592**	0.786**	0.421	0.261	0.798**	0.640**	-0.249	0.032											
SRWC	0.614**	0.514*	0.516*	0.713**	0.594**	0.768**	0.480*	0.109	0.530*	0.335	-0.084	-0.032	0.663**										
SOD	0.601**	0.398	0.568**	0.159	0.504*	0.106	-0.266	-0.176	0.508*	-0.117	-0.223	-0.484**	0.364	0.249									
POD	-0.199	-0.255	0.068	-0.087	0.075	-0.256	-0.057	-0.097	-0.183	-0.294	-0.364	-0.126	-0.172	-0.067	0.139								

（续表）

指标 Index	发芽势 GP	发芽率 GR	发芽指数 BI	活力指数 VI	萌发抗旱系数 GIDC	芽长 BL	最长根长 MRL	根数 RN	芽干重 BDW	根干重 RDW	剩余种子干重 RSDW	根芽比 RSR	储藏物质转化率 SMCR	幼苗相对含水率 SRWC	超氧化物歧化酶 SOD	过氧化物酶 POD	过氧化氢酶 CAT	丙二醛 MDA	α-淀粉酶活性 α-AA	总淀粉酶活性 T-AA	β-淀粉酶活性 β-AA	可溶性糖 SSu	脯氨酸 Pro
CAT	-0.127	0.019	-0.201	-0.076	-0.186	0.127	-0.035	-0.007	-0.154	-0.117	-0.035	-0.010	-0.069	-0.097	-0.076	-0.071							
MDA	-0.376	-0.159	-0.191	-0.267	-0.199	-0.244	-0.210	-0.001	-0.297	-0.225	0.042	0.016	-0.265	-0.317	-0.149	0.322	0.545*						
α-AA	0.185	0.200	-0.060	0.103	-0.052	0.412	-0.002	0.318	0.230	0.637**	0.425	0.405	0.365	0.163	0.047	-0.270	0.440	0.111					
T-AA	0.132	0.173	-0.046	0.102	-0.006	0.331	0.024	0.234	0.307	0.683**	0.562**	0.352	0.361	0.080	0.010	-0.296	0.260	0.118	0.834**				
β-AA	0.157	0.233	-0.033	0.136	0.014	0.351	0.069	0.192	0.334	0.672**	0.563**	0.319	0.379	0.114	-0.003	-0.316	0.209	0.077	0.755**	0.981**			
SSu	-0.029	0.090	-0.144	-0.212	-0.159	-0.096	-0.261	-0.109	-0.146	-0.043	0.438	0.117	-0.305	-0.193	-0.133	-0.188	0.026	-0.089	0.148	-0.013	-0.009		
Pro	-0.647**	-0.557*	-0.510*	-0.589**	-0.497*	-0.487*	-0.392	-0.265	-0.370	-0.543**	0.249	-0.284	-0.718**	-0.588**	-0.188	-0.005	0.099	0.263	-0.323	-0.177	-0.179	0.033	
MFSV	0.726**	0.623**	0.601**	0.810**	0.632**	0.808**	0.537*	0.385	0.726**	0.654**	-0.099	0.071	0.901**	0.668**	0.303	-0.132	0.077	-0.213	0.551**	0.545**	0.550**	-0.266	-0.745**

表 3-39　主推品种芽期干旱胁迫下萌发生长指标与综合指标相关性分析

Table 3-39　Correlation analysis of germination and growth indices with comprehensive index of main popularized rice varieties under drought stress at germination stage

指标 Index	发芽指数 BI	活力指数 VI	萌发抗 旱系数 GIDC	储藏物质 转化率 SMCR	分级系数 GC	隶属函数 综合值 MFSV
发芽指数 BI						
活力指数 VI	0.710**					
萌发抗旱系数 GIDC	0.967**	0.781**				
储藏物质转化率 SMCR	0.611**	0.745**	0.592**			
分级系数 GC	0.740**	0.847**	0.762**	0.913**		
隶属函数综合值 MFSV	0.601**	0.810**	0.632**	0.901**	0.962**	
主成分综合值 PCASV	0.436	0.594**	0.475*	0.689**	0.756**	0.836**

3.3.2　水稻苗期抗旱性鉴定指标筛选

从表 3-40 可知，水稻苗期反复干旱存活率与第 1 次干旱胁迫后叶片中氨基酸含量、脱落酸含量的相对值呈显著正相关关系；与第 2 次干旱胁迫根表面积的相对值呈显著正相关关系，与根粗、过氧化物酶、叶片可溶性糖含量呈显著负相关关系；隶属函数综合值与第 2 次干旱胁迫下根表面积、CTK 显著正相关，与可溶性糖含量显著负相关。因此，在苗期可以选择这些性状作为抗旱性鉴定指标。

表 3-40　川香 29B NIILs 苗期指标相对值与反复干旱存活率和隶属函数综合值的相关系数

Table 3-40　Correlation between index relative value and survival rate under repeated drought, MFSV of Chuanxiang 29B NIILs at seedling stage

指标 Index	第 1 次干旱胁迫相对 值与反复干旱存活率 Relative value under first drought stress and SRRD	第 2 次干旱胁迫相对 值与反复干旱存活率 Relative value under second drought stress and SRRD	第 2 次干旱胁迫相对 值与隶属函数综合值 Relative value under second drought stress and MFSV
总根长 TRL	0.578	0.592	0.796
根表面积 RSA	0.668	0.815*	0.889*
根粗 RT	−0.279	−0.806*	−0.727
根体积 RV	0.557	0.724	0.790

指标 Index	第1次干旱胁迫相对值与反复干旱存活率 Relative value under first drought stress and SRRD	第2次干旱胁迫相对值与反复干旱存活率 Relative value under second drought stress and SRRD	第2次干旱胁迫相对值与隶属函数综合值 Relative value under second drought stress and MFSV
SPAD	−0.468	−0.536	−0.638
叶绿素 a 含量 Chl-a	0.363	−0.433	−0.220
叶绿素 b 含量 Chl-b	0.464	−0.255	−0.094
类胡萝卜素含量 Car	−0.426	0.145	0.153
可溶性糖 SSu	−0.055	−0.762 *	−0.826 *
氨基酸 AA	0.860 *	−0.109	−0.411
可溶性蛋白含量 SPC	−0.230	−0.356	−0.275
还原型谷胱甘肽 GSH	−0.491	−0.129	−0.414
脯氨酸 Pro	−0.342	0.166	0.104
维生素 C Vc	−0.108	0.177	−0.266
丙二醛 MDA	−0.164	0.108	−0.033
生长素 IAA	0.714	0.507	0.235
脱落酸 ABA	0.889 **	−0.749	−0.557
细胞分裂素 CTK	0.562	0.752	0.896 *
赤霉素 GA	−0.620	0.259	0.247
乙烯 ETH	0.605	−0.359	−0.225
过氧化物酶 POD	−0.359	−0.879 **	0.014
超氧化物歧化酶 SOD	−0.265	−0.577	−0.760
过氧化氢酶 CAT	0.135	0.215	0.490
吡咯啉-5-羧酸合成酶 P5CS	−0.382	0.363	0.572
δ-鸟氨酸转氨酶 δ-OAT	0.033	0.449	0.629
脯氨酸脱氢酶 ProDH	0.625	0.054	0.417

从表3-41可知，苗期干旱胁迫下，反复干旱存活率与第1次干旱存活率、第2次干旱存活率均达极显著正相关（r 分别为 0.978 **、0.980 **）；苗期26个指标的隶属函数综合值与第1次干旱存活率、第2次干旱存活率、反复干旱存活率均达显著或极显著正相关（r 分别为 0.815 *、0.918 **、0.886 *）。

表 3-41　川香 29B NIILs 苗期干旱存活率和隶属函数综合值的相关系数

Table 3-41　Correlation between survival rate at seedling
stage and MFSV of Chuanxiang 29B NIILs

指标 Index	第 1 次干旱存活率 SRFD	第 2 次干旱存活率 SRSD	反复干旱存活率 SRRD
第 1 次干旱存活率 SRFD			
第 2 次干旱存活率 SRSD	0.918 **		
反复干旱存活率 SRRD	0.978 **	0.980 **	
隶属函数综合值 MFSV	0.815 *	0.918 **	0.886 *

3.3.3　分蘖期和穗分化期抗旱性鉴定指标筛选

从表 3-42 可知,产量抗旱指数与抗旱系数在分蘖期、穗分化期均显著正相关。在分蘖期,产量抗旱指数与千粒重显著正相关;最高分蘖与粒叶比、有效穗显著正相关,齐穗期 LAI 与粒叶比、有效穗显著负相关;粒叶比与有效穗呈显著的正相关,与结实率呈显著的负相关。在穗分化期,粒叶比与产量抗旱指数、产量抗旱系数、结实率呈显著的负相关,而与穗总粒数呈显著的正相关。可见,分蘖期干旱胁迫下的千粒重、穗分化期干旱胁迫下的粒叶比可以选作抗旱性鉴定指标。

表 3-42　主推品种分蘖期和穗分化期干旱下各指标相对值相关性分析

Table 3-42　Correlation analysisof indices relative value of main popularized
rice varieties under drought stress during tillering and panicle initiation stages

	指标 Index	MT	HS-LAI	GLR	EP	TSP	SSR	KGW	YDC
	最高分蘖 MT								
	齐穗期 LAI HS-LAI	-0.239							
	粒叶比 GLR	0.429 *	-0.862 **						
分蘖期 干旱 T1	有效穗 EP	0.551 **	-0.436 *	0.705 **					
	穗总粒数 TGP	0.092	0.057	0.280	0.043				
	结实率 SSR	-0.148	0.124	-0.364 *	-0.513 **	-0.251			
	千粒重 KGW	-0.265	0.128	-0.198	-0.218	-0.156	0.331		
	产量抗旱系数 YDC	-0.016	-0.079	0.090	0.240	-0.239	0.191	0.299	
	产量抗旱指数 YDI	0.000	0.000	0.050	0.178	-0.054	0.152	0.388 *	0.906 **

（续表）

	指标 Index	MT	HS-LAI	GLR	EP	TSP	SSR	KGW	YDC
穗分化期干旱 T2	最高分蘖 MT								
	齐穗期 LAI HS-LAI	0.238							
	粒叶比 GLR	-0.171	-0.545**						
	有效穗 EP	-0.112	0.176	0.188					
	穗总粒数 TGP	0.051	0.276	0.380*	0.088				
	结实率 SSR	0.033	0.204	-0.467**	-0.040	-0.326			
	千粒重 KGW	0.150	-0.044	-0.325	-0.158	-0.322	0.562**		
	产量抗旱系数 YDC	-0.137	-0.068	-0.422*	-0.178	-0.358	0.071	0.140	
	产量抗旱指数 YDI	-0.202	-0.015	-0.434*	-0.151	-0.266	0.032	0.211	0.851**

从表 3-43 可知，分蘖期、穗分化期干旱处理下的产量抗旱系数和产量抗旱指数均呈极显著正相关关系；主成分综合值与隶属函数综合值也呈极显著正相关关系；穗分化期的产量抗旱系数、产量抗旱指数与穗分化期的隶属函数综合值呈显著正相关关系。同时，分蘖期的产量抗旱系数、产量抗旱指数与穗分化期的主成分综合值呈极显著正相关关系。

表 3-43 主推品种分蘖期和穗分化期干旱下产量抗旱指数、产量抗旱系数与综合值相关性分析

Table 3-43 Correlation analysis of yield drought index, yield drought coefficient and synthesis value of main popularized rice varieties under drought stress during tillering and panicle initiation stages

	指标 Index	分蘖期干旱处理（T1）Drought treatment at tillering stage				穗分化期干旱处理（T2）Drought treatment at panicle initiation stage			
		YDC	YDI	PCASV	MFSV	YDC	YDI	PCASV	MFSV
T1	产量抗旱系数 YDC	1.000							
	产量抗旱指数 YDI	0.905**	1.000						
	主成分综合值 PCASV	0.146	0.064	1.000					
	隶属综合值 MFSV	0.289	0.225	0.862**	1.000				
T2	产量抗旱系数 YDC	-0.149	-0.171	-0.068	-0.144	1.000			
	产量抗旱指数 YDI	-0.185	0.021	-0.182	-0.203	0.851**	1.000		
	主成分综合值 PCASV	0.519**	0.483**	-0.161	-0.005	0.195	0.178	1.000	
	隶属综合值 MFSV	0.173	0.150	-0.286	-0.187	0.498**	0.454*	0.671**	1.000

3.3.4 全生育期抗旱性鉴定指标筛选

3.3.4.1 川香29B NIILs 全生育期干旱下产量抗旱指数与各指标间的相关性分析

从表3-44可知，各干旱处理中，供试材料产量抗旱指数与收获指数、水分利用效率、产量均呈显著或极显著正相关；在适度干旱下（T3和T4），产量抗旱指数还与有效穗、结实率、隶属函数综合值呈显著或极显著正相关，表明抗旱性强的材料，应该具有较高的收获指数、水分利用效率、有效穗和结实率。

表3-44 川香29B NIILs 全生育期干旱下产量抗旱指数与各指标相对值及综合值的相关性

Table 3-44 Correlation between yield drought index and each index relative value, synthesis value of Chuanxiang 29B NIILs under whole-growth-stage drought stress

指标 Index	相关系数 Correlation coefficient			
	T2	T3	T4	T5
净光合速率 NPR	−0.176	−0.288	−0.129	−0.374
穗长 PL	0.000	−0.740	−0.903*	−0.264
穗颈节长 NPNL	−0.274	−0.761	−0.463	−0.496
一次枝梗数 PBNP	−0.269	−0.590	−0.401	−0.296
谷粒长 GL	0.529	0.868*	0.094	0.263
谷粒宽 GW	−0.611	−0.453	−0.590	−0.428
谷粒长宽比 GL/GW	0.609	0.731	0.532	0.482
有效穗数 EP	0.023	0.871*	0.955**	0.823*
穗实粒数 FGP	0.472	0.432	0.728	0.255
结实率 SSR	0.909*	0.816*	0.843*	0.554
千粒重 KGW	−0.054	0.776	0.482	0.813*
生物产量 BY	−0.003	0.354	0.493	0.835*
收获指数 HI	0.921**	0.949**	0.870*	0.881*
产量水分利用效率 EYWUE	0.856*	0.997**	0.970**	0.982**
产量 EY	0.871*	0.997**	0.968**	0.962**
隶属函数综合值 MFSV	0.484	0.851*	0.970**	0.767

以产量抗旱指数作为因变量，以 T3 处理下各性状相对值作自变量，通过逐步回归分析，建立的回归方程如下。

$$Y_{\text{WGS-YDI}} = -1.59 + 0.05X_1 + 0.59X_8 + 2.20X_{15}$$

式中，X_1、X_8、X_{15}分别代表净光合速率、有效穗、产量的相对值。方程的复相关系数 $R = 0.999\ 9$，决定系数 $R^2 = 0.999\ 8$，$F = 4\ 501.95^{**}$，方程极显著；第一正向因子为产量、其次为有效穗和净光合速率。

在 T4 处理下回归方程如下。

$$Y_{WGS-YDI} = 0.19 - 1.14X_4 + 2.20X_{15}$$

式中，X_4、X_{15}分别代表一次枝梗数、产量的相对值。方程的复相关系数 $R = 0.996\ 1$，决定系数 $R^2 = 0.992\ 2$，$F = 191.84^{**}$，方程极显著。

3.3.4.2 杂交稻组合全生育干旱下抗旱性鉴定指标筛选

变异系数反映了数据离散程度（曹兴等，2013）。从表 3-45 可见，与正常水分处理相比较，不同杂交籼稻组合经过干旱胁迫后各指标均会做出适应性变化。采用干旱变异指数量化这种差异变化，并将干旱变异指数值大于100%的指标定义为对干旱胁迫敏感的指标，筛选出 3 个干旱敏感的初选指标，依次是结实率、穗实粒重和穗实粒数，对应的干旱变异指数分别为150.16%、114.84%和111.42%。

表 3-45 杂交稻组合全生育期干旱下各指标的变异系数和干旱变异指数
Table 3-45 Indices variation coefficient and drought variability index of rice cross combination under whole-growth-stage drought stress

指标 Index	对照处理 Control treatment		胁迫处理 Drought treatment		干旱变异指数 DVI（%）
	平均值 Average	变异系数 CV（%）	平均值 Average	变异系数 CV（%）	
株高 PH	100.00	7.70	63.24	12.40	46.77
有效穗数 EP	21.30	19.69	15.42	30.53	43.17
穗总粒数 TGP	119.60	18.90	74.02	30.56	47.15
穗实粒数 FGP	103.88	23.96	12.17	84.24	111.42
穗秕粒数 UGP	15.72	64.37	61.85	33.58	62.87
穗总粒重 TGWP	2.98	22.78	0.47	52.72	79.31
穗实粒重 FGWP	2.90	23.44	0.23	86.66	114.84
穗秕粒重 UGWP	0.08	55.44	0.24	66.98	18.85
结实率 SSR	86.47	10.61	15.90	74.54	150.16
千粒重 KGW	28.52	20.59	18.55	7.04	98.08

从表 3-46 可知，产量抗旱指数（YDI）与穗实粒数、穗总粒重、穗实粒重、结实率及产量的相对值呈显著或极显著相关，与株高、有效穗数、穗总粒数、穗秕粒数、穗秕粒重和千粒重的相对值相关性不显著。干旱胁迫后，各农艺性状与水稻抗旱性的相关程度依次为产量>穗实粒数>穗实粒重>结实率>穗总粒重>穗总粒数>千粒重>株高>有效穗数>穗秕粒重>穗秕粒数；各农艺性状指标之间也存在相关性，其中结实率与穗实粒数、穗实粒重、穗总粒重，穗总粒重与穗总粒数、穗实粒数、穗实粒重，穗总粒数与穗实粒数之间存在显著或极显著正相关关系，表明各农艺性状指标所提供的信息存在叠加现象，且各指标在抗旱性中所起的作用也不尽相同。

表 3-46　杂交稻组合全生育干旱下各农艺性状相对值的相关系数

Table 3-46　Correlation between each agronomic character relative value of rice cross combination under whole-growth-stage drought stress

指标 Index	PH	EP	TGP	FGP	UGP	TGWP	FGWP	UGWP	SSR	KGW	YDC
株高 PH											
有效穗数 EP	0.217										
穗总粒数 TGP	0.419	-0.200									
穗实粒数 FGP	0.225	-0.092	0.594								
穗秕粒数 UGP	0.252	0.003	0.557	0.163							
穗总粒重 TGWP	0.368	-0.364	0.818 **	0.845 **	0.340						
穗实粒重 FGWP	0.243	-0.064	0.552	0.975 **	0.088	0.842 **					
穗秕粒重 UGWP	0.186	-0.182	0.501	0.033	0.960 **	0.323	-0.023				
结实率 SSR	0.027	-0.068	0.366	0.949 **	0.022	0.709 *	0.948 **	-0.095			
千粒重 KGW	-0.094	-0.174	-0.273	-0.273	-0.177	-0.018	-0.094	0.019	-0.176		
产量抗旱系数 YDC	0.297	0.155	0.514	0.942 **	0.146	0.758 **	0.970 **	-0.009	0.910 **	-0.126	
产量抗旱指数 YDI	0.219	0.182	0.374	0.906 **	0.060	0.614 *	0.885 **	-0.130	0.871 **	-0.289	0.929 **

由表 3-47 可知，隶属综合值（MFSV）与产量抗旱系数、产量抗旱指数的相关性达到极显著水平；主成分综合值（PCASV）与产量抗旱系数显著相关，而与产量抗旱指数相关不显著；MFSV 与 PCASV 显著相关。可见，利用隶属综合值（MFSV）对水稻进行抗旱性综合评价具有较好的可靠性。

表 3-47　杂交稻组合全生育干旱下隶属函数值与
产量抗旱系数、产量抗旱指数的相关系数

Table 3-47　Correlation between membership function value and yield drought
coefficient, yield drought index of rice cross combination under
whole-growth-stage drought stress

指标 Index	YDC	YDI	MFAV	MFSV
产量抗旱系数 YDC				
产量抗旱指数 YDI	0.950**			
隶属函数平均值 MFAV	0.900**	0.859**		
隶属函数综合值 MFSV	0.959**	0.910**	0.946**	
主成分综合值 PCASV	0.610*	0.503	0.808**	0.697*

在全生育期干旱盆栽试验对杂交稻组合的抗旱性鉴定基础上，以产量抗旱指数（$Y_{\text{WGS-YDI}}$）作因变量，各单项指标相对值作自变量，建立最优回归方程：$Y_{\text{WGS-YDI}} = 2.91 + 2.06X_4 - 1.11X_6$，决定系数 $R^2 = 0.902\,8$，$F = 37.15^{**}$。该回归方程中，X_4 和 X_6 分别为穗实粒数、穗总粒重的相对值。以隶属函数综合值（$Y_{\text{WGS-MFSV}}$）作因变量，各单项指标相对值作自变量，建立最优回归方程：$Y_{\text{WGS-MFSV}} = (245.23 + 1.64X_2 + 2.71X_4 + 6.49X_6 + 19.40X_7 - 2.79X_{10}) \times 10^{-3}$，决定系数 $R^2 = 0.999\,3$，$F = 1\,401.71^{**}$。该回归方程中，X_2、X_4、X_6、X_7 和 X_{10} 分别为有效穗、穗实粒数、穗总粒重、穗实粒重和千粒重的相对值；通径分析表明，穗实粒重是第一正向因子，其次是穗总粒重、穗实粒数和有效穗，千粒重为负向直接作用（图 3-1）。

3.3.5　水稻抗旱性鉴定指标体系的初步构建

在通过不同生育时期、不同材料、不同研究环境、不同胁迫程度以及不同分析方法进行抗旱指标筛选的基础上，结合前人的研究，初步建立不同时期的水稻抗旱性鉴定指标体系。

3.3.5.1　芽期

在 PEG 浓度小于 15% 以下多数性状没有显著差异。在 15%～20% PEG 浓度干旱胁迫显著降低了最长根长、根系活力、根数、根干重、芽长、芽干重；根芽比在干旱胁迫间差异不显著，部分品种升高，部分品种降低。干旱胁迫显著降低了水稻种子萌发抗旱系数、发芽指数、活力指数、储藏物质转化率；降低了发芽势和发芽率，但川香 29B NIILs 的发芽势和发芽率在水分

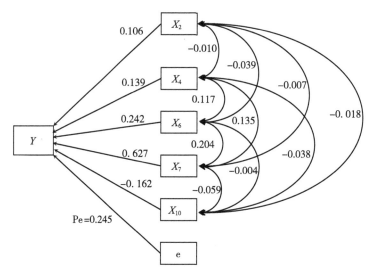

图 3-1　杂交稻组合全生育期干旱各性状与隶属函数综合值通径分析

Figure 3-1　Path analysis of each character and MFSV of rice cross combination under whole-growth-stage drought stress

处理和材料间均无显著差异；显著增加了剩余种子干重。干旱胁迫降低了 α-淀粉酶活性和生长素、细胞分裂素、赤霉素含量，提高了 POD、CAT、总淀粉酶、β-淀粉酶活性和可溶性糖、脯氨酸、可溶性蛋白、MDA、脱落酸、乙烯含量；SOD 活性在川香 29B NIILs 中提高，在主推品种中降低；脯氨酸在主推品种间差异不显著。

　　主成分分析表明，决定第一主成分的主要指标有储藏物质转化率、发芽势、活力指数、芽长、芽干重、萌发抗旱系数、发芽率、发芽指数、幼苗相对含水量，其中储藏物质转化率的特征向量最高（0.322）。相关分析表明，川香 29B NIILs 芽期各指标隶属综合值与发芽势、剩余种子干重、可溶性蛋白质含量显著负相关，与 POD 显著正相关，但与发芽率关系不显著；主推品种芽期隶属综合值与发芽势、发芽率、发芽指数、活力指数、萌发抗旱系数、芽长、最长根长、芽干重、根干重、储藏物质转化率、幼苗相对含水量、α-淀粉酶、总淀粉酶、β-淀粉酶显著正相关，与脯氨酸显著负相关，其中，与储藏物质转化率相关性达 0.901**，为所有指标中最高。在综合指标间，川香 29B NIILs 分级系数与隶属函数综合值无显著相关性（$F = 0.452$）；主推品种的隶属函数综合值、主成分综合值、分级系数之间均为极显著正相关。

因此，储藏物质转化率或剩余种子干重反映了种子萌发阶段物质转化利用状况，可作为芽期抗旱鉴定首选指标；芽长、最长根长、芽干重、萌发抗旱系数、活力指数、发芽指数、可溶性蛋白质含量、POD、β-淀粉酶和隶属函数综合值等可作为芽期抗旱性评价备选指标。

3.3.5.2 苗期

苗期干旱胁迫导致根系变细、根表面积和根体积变小，水分处理和材料间差异显著；根表面积在部分材料中有增加、部分降低。总根长和株高在第1次干旱胁迫后增加，在第2次干旱胁迫后降低，株高在两次干旱胁迫后水分处理间无显著差异。干旱胁迫显著降低了幼苗干旱存活率、地上部干物质积累量，增加了根系干重和根冠比；降低了SPAD值、叶绿素a、叶绿素b，但类胡萝卜素在第2次干旱胁迫后升高。降低了可溶性糖、氨基酸、维生素C，增加了可溶性蛋白、脯氨酸、MDA，还原型谷胱甘肽呈先升后降的趋势。提高了过氧化物酶、超氧化物歧化酶、过氧化物酶、吡咯啉-5-羧酸合成酶、δ-鸟氨酸转氨酶和脯氨酸脱氢酶活性。降低了生长素、细胞分裂素和赤霉素含量，提高了脱落酸和乙烯含量。

隶属函数分析表明，CAT所占权重最高，为0.073，根表面积、叶绿素b含量、脯氨酸脱氢酶3个指标权重次之。相关性分析表明，与反复干旱存活率显著相关的指标有根表面积、根粗、可溶性糖、ABA、POD；与隶属函数综合值显著相关的有根表面积、可溶性糖、CTK；苗期反复干旱存活率与隶属函数综合值显著相关（$r = 0.886^*$）。

因此，苗期反复干旱存活率可作为苗期抗旱性鉴定的首选指标，根表面积、可溶性糖、根粗、POD、CAT、ABA含量和隶属函数综合值可以作为苗期抗旱性评价的备选指标。

3.3.5.3 分蘖期和穗分化期

最高分蘖在分蘖期干旱下略有增加，在穗分化期干旱下略有降低。干旱胁迫降低了齐穗期叶面积指数，增加了粒叶比；降低了复水前发根力，增加了复水前伤流量，发根力变异度大于伤流量。分蘖期干旱处理下有效穗略有增加，穗总粒数明显下降，结实率和千粒重略有降低，单株产量最终降低；穗分化期干旱处理下的有效穗、结实率和千粒重略有降低，穗总粒数有所增加，但单株产量下降。产量构成因素在分蘖期对干旱胁迫的敏感程度为有效穗>穗总粒数>结实率>千粒重；穗分化期则为穗总粒数>结实率>有效穗>千粒重。

主成分分析表明，决定分蘖期主要因子的指标有粒叶比、有效穗、穗总粒数、叶面积指数等，穗分化期的有粒叶比、结实率、叶面积指数和穗总粒数等。相关分析表明，产量抗旱指数与产量抗旱系数在分蘖期、穗分化期均显著正相关；与分蘖期产量抗旱指数显著相关的指标有产量、千粒重，与穗分化期产量抗旱指数显著相关的有产量、粒叶比和隶属函数综合值。

鉴此，产量抗旱指数可作为分蘖期和穗分化期抗旱性评价的首选指标，产量、粒叶比、复水前发根力和隶属函数综合值可以作为抗旱性评价的备选指标。

3.3.5.4　全生育期

在轻度胁迫（饱和含水量80%）和重度胁迫（反复萎蔫）下，多数性状在川香29B NIILs之间没有显著差异。在有效干旱胁迫程度下（饱和含水量40%~60%），显著降低水稻株高，但在川香29B NIILs之间没有显著差异；降低了叶片净光合速率、水分利用效率、穗颈节长、一次枝梗数、穗总粒数、穗实粒数、结实率、穗实粒重、穗总粒重、千粒重、产量、收获指数、谷粒长、谷粒宽，并且这些指标的增降幅度随胁迫程度加重而增大；但对川香29B NIILs的穗长、谷粒长宽比、有效穗、生物产量没有显著影响；增加了穗秕粒数和穗秕粒重。有效穗在川香29B NIILs和杂交稻组合中均无显著差异，千粒重在川香29B NIILs间无显著差异。结实率、穗实粒重和穗实粒数对应的干旱变异指数分别为150.16%、114.84%和111.42%。主成分分析表明，决定第一主成分的主要因子为穗总粒重（0.452）、穗实粒数（0.441）、穗实粒重（0.427）、穗总粒数（0.388）和结实率（0.382）。

产量抗旱指数被公认为全生育抗旱性鉴定的重要指标。相关分析表明，与川香29B NIILs产量抗旱指数显著相关的有收获指数、水分利用效率、产量、有效穗、结实率和隶属函数综合值；与杂交稻组合产量抗旱指数显著相关的有穗实粒数、穗总粒重、穗实粒重、结实率、产量和隶属函数综合值。通径分析表明，川香29B NIILs在中度干旱胁迫下第一正向因子为产量，其次为有效穗和净光合速率；杂交稻组合的穗实粒重是第一正向因子，其次是穗总粒重、穗实粒数和有效穗，千粒重为负向直接作用。

由于水稻产量是其抗旱性与其他因素综合作用的结果，因此，产量抗旱指数可作为全生育期抗旱性评价的首选指标，产量、结实率、隶属函数综合值（MFSV）、穗实粒重、穗实粒数、穗总粒重、收获指数、净光合速率和水分利用效率可以作为全生育期抗旱鉴定的备选指标。

3.3.5.5　水稻不同时期抗旱性鉴定三级指标体系

种子萌发抗旱系数常用作芽期抗旱性鉴定的首选指标，但本研究认为储藏物质转化率更能反映种子萌发阶段物质转化情况，且体现了材料（品种）的抗旱性强弱，因此把它作为芽期的一级指标；苗期反复干旱存活率直接反映了幼苗在干旱下的综合表现，已被广泛应用于各种作物的苗期抗旱性鉴定；干旱胁迫对水稻的最终影响集中在产量上，产量抗旱指数同时考虑了材料（品种）对环境的敏感性和旱地产量潜力，在评价效果优于产量抗旱系数，因此被公认作为水稻中后期和全生育期的首选指标。二级指标主要包括与一级指标显著相关的形态指标、生长指标和综合指标，其中，不同材料之间表现一致的作为优选指标。三级指标主要包括较好反映抗旱性强弱的一些生理指标。综上，初步提出水稻不同时期抗旱性鉴定三级指标体系。

芽期：储藏物质转化率可作为一级指标；芽长、最长根长、芽干重、萌发抗旱系数、活力指数、发芽指数以及隶属函数综合值（MFSV）可作为二级指标；可溶性蛋白质含量、POD、β-淀粉酶等生理指标可作为三级指标。

苗期：反复干旱存活率可作为一级指标；根粗、根表面积以及隶属函数综合值（MFSV）可作为二级指标；可溶性糖、POD、CAT、ABA 含量等生理指标可作为三级指标。

分蘖期和穗分化期：产量抗旱指数可作为一级指标；产量、粒叶比以及隶属函数综合值（MFSV）可作为二级指标；复水前发根力等生理指标可作为三级指标。

全生育期：产量抗旱指数可作为一级指标；产量、结实率、穗实粒数、穗实粒重、穗总粒重、收获指数以及隶属函数综合值（MFSV）可作为二级指标；净光合速率和水分利用效率等生理指标可作为三级指标。

在指标应用选择上，首先根据抗旱性鉴定目的确定鉴定时期，并选择相应的一级指标；其次选择二级指标中简单易测的形态、生长和产量相关性状指标，综合指标克服了单一指标的片面性，可针对性使用；最后，选择三级指标中的一些生理指标，由于干旱胁迫最先引起生理的变化，在条件具备的情况下可选用。

芽期鉴定简单易行、周期短、可批量进行，但芽期抗旱性并不能代表材料（品种）的综合抗旱性，适用于对大量的育种中间材料进行快速鉴定。苗期费时较少、占地小，但与生长后期的抗旱性仍有一定的区别，适用于重要育种材料或水稻亲本的轻简鉴定；中后期鉴定有产量结果，但所需时间长、工作量大，可用于水稻组合的鉴定；水稻全生育期抗旱性是各个生育时期抗旱机制综合作用的结果，最能体现材料（品种）的综合抗旱性，但耗时最长、耗费最大，适用于骨干育种材料或主推品种的精准鉴定。

4 水稻抗旱性评价方法研究

4.1 多梯度干旱胁迫下抗旱性评价方法研究

目前，抗旱性鉴定一般在单梯度，即一种干旱环境下进行；即使开展了多梯度的抗旱性鉴定试验，以往研究只选用效果较显著的梯度进行抗旱性分析评价。但是，不同作物、不同品种对不同程度的干旱胁迫反应并不一致。因此，本书开展多梯度干旱胁迫下抗旱性评价方法研究。

本书借鉴产量抗旱指数并做改进以适用所有指标和所有干旱胁迫梯度，对指标抗旱指数定义如下。

$$DI = \begin{cases} \dfrac{X_{CK}}{X_{CK}} \times \dfrac{X_{CK}}{\overline{X}_{CK}} & （对照处理；X_{CK}为对照处理性状值，\overline{X}_{CK}为对照性状平均值） \\[2ex] \dfrac{X_d}{X_{CK}} \times \dfrac{X_d}{\overline{X}_d} & （干旱胁迫处理且性状值不全为0；X_d为胁迫处理性状值，\overline{X}_d为胁迫性状平均值） \\[2ex] 0 & （干旱胁迫处理且性状值全为0） \end{cases}$$

首先计算每个胁迫梯度下的相关指标，包括单梯度产量抗旱系数（SG_Y_DC）、单梯度产量抗旱指数（SG_Y_DI）、单梯度多性状 DI 的和（SG_MT_DI_SUM）、单梯度多性状 DI 的隶属函数综合值（SG_MT_DI_MFSV）。

然后计算多梯度产量抗旱指数和（MG_Y_DI_SUM）、多梯度多性状抗旱指数和（MG_MT_DI_SUM）、多梯度多性状抗旱指数隶属综合值（MG_MT_DI_MFSV）。

再以梯度量化控水条件下的产量构成性状和 WUE 的抗旱指数（DI）作图，分别计算图中性状在多个梯度的 DI 点与横坐标构成的曲线下面积（Area Under Curve，AUC），视其为各品种（材料）在梯度量化控水条件下某一性状对土壤水分条件变化响应的综合效应。在此基础上，计算多梯度多性状 AUC 和（MG_MT_AUC_SUM）、多梯度多性状 AUC 积（MG_MT_AUC_MUL）、多梯度多性状 AUC 的对数（MG_MT_AUC_LOG）、多梯度多性状 AUC 隶属综合值（MG_MT_AUC_MFSV）等复合指标。

$$MG\_MT\_AUC\_SUM = AUC_{EY} + AUC_{EP} + AUC_{FGP} + AUC_{KGW} + AUC_{EYWUE} + AUC_{BYWUE}$$

$$MG \_ MT \_ AUC \_ MUL = [AUC_{EY}/(AUC_{EP} \times AUC_{FGP} \times AUC_{KGW})] \times (AUC_{EYWUE}/AUC_{BYWUE})$$

$$MG\_MT\_AUC\_LOG = \log_{AUC\_EY}(AUC\_EP \times AUC\_FGP \times AUC\_KGW) \times \log_{AUC\_EYWUE}AUC\_BYWUE$$

最后对计算和构建的 11 种评价指标进行分析，以期筛选评价效果好的评价指标，作为梯度量化控水处理条件下水稻抗旱性的评价指标，用于参试水稻材料（品种）抗旱性的量化比较。

4.1.1 多梯度干旱胁迫对单株产量及其构成性状的影响

对 6 个亲本材料进行梯度量化控水处理，非饱和田间持水量（FMC）相对于>100%FMC，其产量及其构成性状大幅递减，土壤水分含量愈低则减少幅度愈大（表 4-1）。4 种水分处理水平下单株产量、穗实粒数及 EYWUE、BYWUE 均达到极显著差异，80%、60%、40%FMC 的单株产量、穗实粒数分别为>100%FMC 条件下的 63.10%、15.23%、0 和 77.13%、27.15%、0；经济产量 WUE 与生物产量 WUE 分别为>100%FMC 条件下的 72.66%、29.69%、0 和 104.83%、96.28%、42.75%。因此这 4 种水分控制处理对参试材料的产量结构及其 WUE 性状产生了明显影响，土壤水分含量是性状变化的主要原因。

表 4-1   不同梯度量化控水处理参试材料的平均产量及其构成性状和水分利用效率
Table 4-1   Average yield, yield component traits and water use efficiency of tested materials under various gradient levels of quantitative water-control

处理 Treatment	单株产量 EY/P（g）	单株有效穗数 EP（P）	穗实粒数 FGP	千粒重 KGW（g）	经济产量 WUE EYWUE （kg/m³）	生物产量 WUE BYWUE （kg/m³）
>100% FMC	11.95A	6.08aA	84.73aA	24.91aA	1.28A	2.69B
80% FMC	7.54B	5.31bA	65.35bB	23.80aA	0.93B	2.82A
60% FMC	1.82C	4.28cB	23.00cC	18.19bB	0.38C	2.59C
40% FMC	0.00D	0.00dC	0.00dD	0.00cC	0.00D	1.15D

4.1.2 产量构成性状及其抗旱指数

6 个材料的产量及其构成性状在不同水分处理水平上的抗旱指数如图 4-1 所示。除了 IR64 的有效穗之外，所有材料的有效穗、穗实粒数、千粒重和单株产量的抗旱指数均随胁迫程度加重而降低；材料之间的差异也随胁迫程度加重而减小。MH63、SH527、Ⅱ-32B、Bala、R17739-1 和 IR64 的各梯度平均产量抗旱指数（YDI）分别为 0.515、0.517、0.464、0.484、0.507 和 0.293；有效穗的抗旱指数分别为 0.650、0.577、0.538、0.743、0.501 和 0.931；穗实粒数的抗旱指数分别为 0.452、0.461、0.630、0.593、0.798 和 0.269；千粒重的抗旱指数分别为 0.733、0.834、0.658、0.560、0.625 和 0.671。MH63、SH527、Ⅱ-32B、Bala、R17739-1 和 IR64 在 80% FMC 下的产量抗旱指数分别为 0.708、0.593、0.591、0.589、1.032 和 0.502；在 60% FMC 下的产量抗旱指数分别为 0.110、0.081、0.309、0.289、0.188 和 0.129；在 40% FMC 下的产量抗旱指数均为 0。可见仅凭一种水分处理水平和单一性状难以对材料抗旱性进行一致性评价。

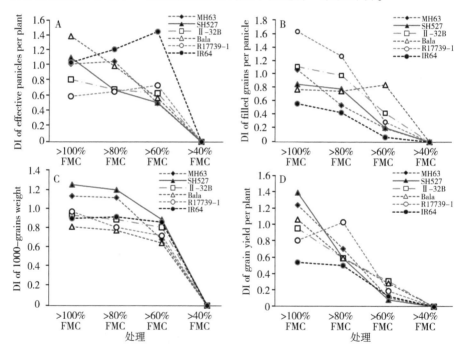

图 4-1 产量及其构成性状在不同水分处理水平上的抗旱指数

（A：单株有效穗；B：穗实粒数；C：千粒重；D：单株产量；FMC：田间持水量）

Figure 4-1 Drought index of yield and yield component traits of tested materials under various gradient levels of water-control（A：Effective panicles per plant；B：Filled grains per panicle；C：1000-grains weight；D：Grain yield per plant；FMC：Field moisture capacity）

4.1.3 水分利用效率及其抗旱指数

6 个材料的 EYWUE 和 BYWUE 在 4 种水分处理水平上表现出极显著的差异性。EYWUE、BYWUE 均随着土壤含水量梯度递减而降低，在 80%、60%、40%FMC 梯度干旱下，EYWUE 分别为>100%FMC 的 70.9%、35.6% 和 0%；BYWUE 分别为>100%FMC 的 95.3%、94.0%、42.5%。EYWUE 和 BYWUE 的 DI 值在非饱和水分条件下也存在明显差异（图 4-2）。MH63、SH527、Ⅱ-32B、Bala、R17739-1 和 IR64 的 EYWUE 平均 DI 值分别为 0.473、0.594、0.558、0.635、0.487 和 0.349，BYWUE 平均 DI 值分别为 0.846、0.743、0.911、0.777、0.852 和 0.848。

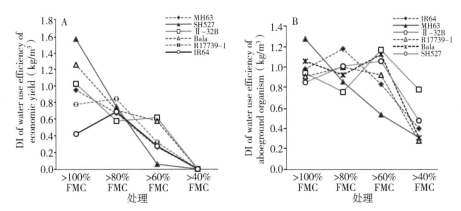

图 4-2 经济产量和生物产量的水分利用效率的抗旱指数

（A：EYWUE；B：BYWUE）

Figure 4-2 Drought index of water use efficiency about economic and biological yield（A：EYWUE；B：BYWUE）

4.1.4 多梯度抗旱性评价方法的比较与分析

结合参考文献以及相关课题组近年来对 MH63、SH527、Ⅱ-32B、Bala、R17739-1、IR64 的抗旱性研究结果，其中 IR64 为国际公认的水分敏感品种（Wang et al., 2011；Liu et al., 2011；Price et al., 2002a, 2002b），可做恢复系；Bala 是四川省农业科学院作物研究所水稻抗旱育种课题前期抗旱性鉴定中筛选出的抗旱资源，亦有文献报道（Price et al., 2002a, 2002b）；MH63、蜀恢 527、Ⅱ-32B 为杂交水稻的骨干亲本；R17739-1 为上述课题自主选育的节水抗旱水稻恢复系。

基于 DI 的 6 个材料多种抗旱性评价指标的计算结果见图 4-3、图 4-4、图 4-5、图 4-6 和表 4-2、表 4-3。

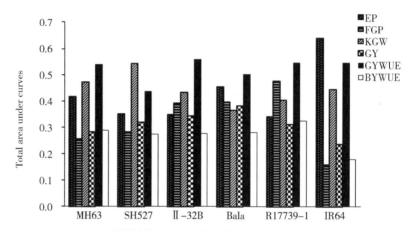

图 4-3 产量性状和 WUE 抗旱指数的综合效应（AUC）

Figure 4-3 Synthetic effect（AUC）of drought index of yield trait and WUE

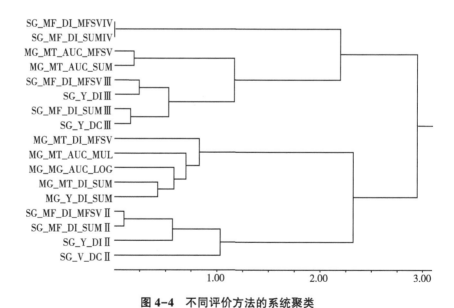

图 4-4 不同评价方法的系统聚类

Figure 4-4 System cluster analysis of different evaluation methods

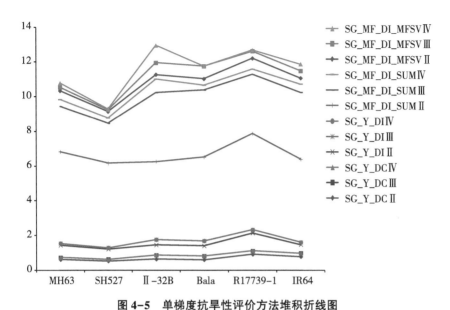

图 4-5　单梯度抗旱性评价方法堆积折线图

Figure 4-5　Stacked fold line diagram of evaluation methods for single-gradient drought resistance

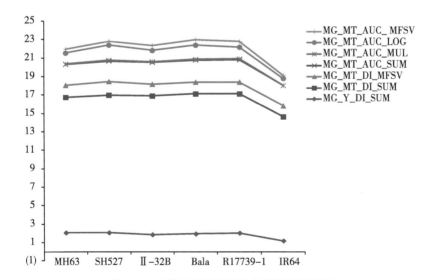

图 4-6　多梯度抗旱性评价方法堆积折线图

Figure 4-6　Stacked fold line diagram of evaluation methods for multiple-gradient drought resistance

表4-2 抗旱性不同评价方法的指标计算

Table 4-2 Index calculation of different evaluation methods for rice drought resistance

材料 Material	单梯度产量抗旱系数 (SG_Y_DC)			单梯度产量抗旱指数 (SG_Y_DI)			单梯度多性状 DI 和 (SG_MT_DI_SUM)			单梯度多性状 DI 隶属综合值 (SG_MT_DI_MFSV)			多梯度产量抗旱指数和 (MG_Y_DI_SUM)	多梯度多性状抗旱指数和 (MG_MT_DI_SUM)	多梯度多性状抗旱指数隶属综合值 (MG_MT_DI_MFSV)	多梯度多性状水分生态综合效应			
	II	III	IV	II	III	IV	II	III	IV	II	III	IV				MG_MT_AUC_SUM	MG_MT_AUC_MUL	MG_MT_AUC_LOG	MG_MT_AUC_MFSV
MH63	0.607	0.122	0	0.708	0.110	0	5.273	2.614	0.399	0.497	0.203	0.239	2.059	14.677	1.309	2.256	0.044	1.177	0.437
SH527	0.524	0.099	0	0.593	0.081	0	4.865	2.293	0.311	0.369	0.099	0.062	2.068	14.907	1.478	2.206	0.088	1.637	0.414
II-32B	0.632	0.233	0	0.591	0.309	0	4.492	3.968	0.778	0.676	0.259	1.000	1.855	15.030	1.283	2.349	0.083	1.201	0.540
Bala	0.599	0.214	0	0.589	0.289	0	4.822	3.862	0.280	0.724	0.361	0.000	1.938	15.170	1.279	2.385	0.068	1.532	0.592
R17739-1	0.908	0.198	0	1.032	0.188	0	5.533	3.406	0.307	0.620	0.416	0.053	2.028	15.082	1.284	2.402	0.104	1.261	0.609
IR64	0.774	0.200	0	0.502	0.129	0	4.779	3.857	0.474	0.341	0.415	0.389	1.173	13.445	1.187	2.208	0.009	0.760	0.347

表4-3 抗旱性不同评价指标的相关性

Table 4-3 Correlation of different evaluation indices for rice drought resisitance

指标 Index	单梯度产量抗旱系数 SG_Y_DC II	SG_Y_DC III	单梯度产量抗旱指数 SG_Y_DI II	SG_Y_DI III	单梯度多性状 DI 和 SG_MT_DI_SUM II	SG_MT_DI_SUM III	SG_MT_DI_SUM IV	单梯度多性状 DI 隶属综合值 SG_MT_DI_MFSV II	SG_MT_DI_MFSV III	SG_MT_DI_MFSV IV	多梯度产量抗旱指数数和 MG_Y_DI_SUM	多梯度多性状抗旱指数数和 MG_MT_DI_SUM	多梯度多性状抗旱指数隶属综合值 MG_MT_DI_MFSV	多梯度多性状水分生态综合效应 MG_MT_AUC_SUM	MG_MT_AUC_MUL	MG_MT_AUC_LOG
SG_Y_DC II																
SG_Y_DC III	0.460															
SG_Y_DI II	0.647	0.005														
SG_Y_DI III	0.040	0.844*	-0.028													
SG_MT_DI_SUM II	0.526	-0.328	0.857*	-0.412												
SG_MT_DI_SUM III	0.411	0.980**	-0.150	0.779	-0.409											
SG_MT_DI_SUM IV	-0.059	0.462	-0.334	0.439	-0.622	0.450										
SG_MT_DI_MFSV II	0.579	-0.259	0.900*	-0.350	0.995**	-0.352	-0.595									
SG_MT_DI_MFSV III	0.159	0.930**	-0.123	0.954**	-0.430	0.912*	0.382	-0.373								
SG_MT_DI_MFSV IV	-0.060	0.462	-0.335	0.440	-0.622	0.450	1.000**	-0.596	0.382							
MG_Y_DI_SUM	-0.329	-0.397	0.498	0.060	0.395	-0.545	-0.297	0.399	-0.199	-0.297						

（续表）

指标 Index	单梯度产量抗旱系数		单梯度产量抗旱指数		单梯度多性状DI和			单梯度多性状DI隶属综合值			多梯度产量抗旱指数和	多梯度多性状抗旱指数和	多梯度多性状抗旱指数隶属综合值	多梯度多性状水分生态综合效应		
	SG_Y_DCⅡ	SG_Y_DCⅢ	SG_Y_DIⅡ	SG_Y_DIⅢ	SG_MT_DI_SUMⅡ	SG_MT_DI_SUMⅢ	SG_MT_DI_SUMⅣ	SG_MT_DI_MFSVⅡ	SG_MT_DI_MFSVⅢ	SG_MT_DI_MFSVⅣ	MG_Y_DI_SUM	MG_MT_DI_SUM	MG_MT_DI_MFSV	MG_MT_AUC_SUM	MG_MT_AUC_MUL	MG_MT_AUC_LOG
MG_MT_DI_SUM	-0.252	0.000	0.438	0.457	0.164	-0.160	-0.134	0.201	0.212	-0.134	0.901*					
MG_MT_DI_MFSV	-0.597	-0.740	0.032	-0.377	0.045	-0.803	-0.304	0.025	-0.585	-0.303	0.687	0.508				
MG_MT_AUC_SUM	0.373	0.655	0.562	0.789	0.214	0.519	0.004	0.284	0.711	0.003	0.384	0.670	-0.260			
MG_MT_AUC_MUL	0.021	0.001	0.590	0.302	0.230	-0.181	-0.108	0.289	0.066	-0.109	0.774	0.875*	0.561	0.590		
MG_MT_AUC_LOG	-0.546	-0.355	0.119	0.108	0.033	-0.442	-0.435	0.038	-0.086	-0.434	0.806	0.817*	0.803	0.253	0.717	
MG_MT_AUC_MFSV	0.251	0.511	0.585	0.731	0.237	0.360	-0.082	0.305	0.608	-0.082	0.548	0.802	-0.054	0.978*	0.723	0.441

第一，产量抗旱指数比产量抗旱系数评价更加合理，比如 IR64 在 80%
FMC 下的产量抗旱指数为 0.502，排在最后一位，与实际结果相符；但是产
量抗旱系数为 0.774，排在第二位。

第二，用单梯度指标来评价，则不同梯度对材料的抗旱性评价很不一
致，IR64 在 80%FMC（Ⅱ）下的单梯度产量抗旱指数（SG_Y_DI）、单梯
度多性状 DI 和（SG_MT_DI_SUM）、单梯度多性状 DI 隶属综合值（SG_
MT_DI_MFSV）分别排在第六位、第五位和第五位；在 60%FMC（Ⅲ）下
则分别排在第四位、第三位、第四位；在 40%FMC（Ⅳ）下排在第二位，
甚至各材料抗旱性没有差异。可见，在单梯度下，轻度胁迫的评价结果与
实际较为相符，IR64 的抗旱性最低；当干旱胁迫趋于严重时，IR64 的抗
旱性排名反而上升。

第三，多梯度评价综合了各梯度的水分综合效应，评价结果与实际较为
符合，IR64 基本排在末位；特别是运用本文提出的反映水分综合效应的曲
线下面积 AUC 复合指标来评价［多梯度多性状 AUC 积（MG_MT_AUC_
MUL)、多梯度多性状 AUC 的对数（MG_MT_AUC_LOG）、多梯度多性状
AUC 隶属函数综合值（MG_MT_AUC_MFSV）］，还可兼顾抗旱育种中产量
构成性状选择和水分利用效率提高的要求。聚类分析表明（图 4-4），这几
个指标是介于轻度干旱评价指标和重度干旱评价指标之间的一类指标；作图
分析表明（图 4-5、图 4-6）多梯度评价指标对 6 个材料的评价效果基本一
致，且均以 IR64 抗旱性为最低，因此可以将这 3 个指标作为梯度量化控水
条件下材料抗旱性评价的优先复合指标。

第四，相关分析表明，单梯度评价指标和多梯度评价指标之间相关性不
显著，但是部分单梯度指标之间、部分多梯度指标之间则分别具有显著或极
显著的相关性。

总之，由于对不同材料理想的单梯度干旱胁迫程度的难以把握，因此，
本研究认为，多梯度评价效果明显优于单梯度。

4.2 引入区试数据抗旱性评价方法研究

在抗旱性鉴定时，一般要设置正常水分环境做对照。那么，进行了多年
多点、试验规范的品种区域试验数据能否引进利用呢？如果可行，那么抗旱
性鉴定工作量将成倍减少。为此，本文探索了这方面的研究。有关参数和含
义如下。

产量抗旱系数简称 YDC，其中干旱胁迫与本试验正常水分 YDCd/w=本试验胁迫产量（Yd）/本试验对照产量（Yw）；干旱胁迫与区试的 YDCd/vrt=本试验胁迫产量（Yd）/品种区试产量（Yvrt）。

产量抗旱指数简称 YDI，其中干旱胁迫与本试验正常水分 YDId/w=产量抗旱系数（YDCd/w）×胁迫产量（Yd）/所有材料平均胁迫产量（$\overline{Yd}$）；干旱胁迫与区试的 YDId/vrt=YDCd/vrt×Yd/$\overline{Yd}$

隶属函数综合值简称 MFSV，其中 MFSVd、MFSVw、MFSVd/w、MFSVvrt、MFSVd/vrt 分别为胁迫、对照、胁迫/对照、区试、胁迫/区试下的隶属函数综合值。

主成分综合值简称 PCASV，其中 PCASVd、PCASVw、PCASVd/w、PCASVvrt、PCASVd/vrt 分别为胁迫、对照、胁迫/对照、区试、胁迫/区试下的主成分综合值。

4.2.1 干旱胁迫对水稻农艺性状的影响与比较分析

选用水稻主推品种，通过全生育期盆栽精确控水试验，方差分析表明，除穗总粒数在干旱处理间不显著（$F=0.70$，$P>0.05$）外，干旱胁迫和品种之间均达到极显著或显著，表明干旱对水稻造成了一定程度的胁迫，不同品种之间对干旱胁迫的反应不一样。

为了消除参试品种本身间存在的差异，采用各指标的相对值，较各项指标的绝对值来说，相对值能更好地反映不同水稻品种的抗旱性（田又升等，2014）。从各性状的相对值来看（表 4-4、表 4-5、表 4-6、表 4-7），干旱胁迫下，降低了净光合速率、株高和穗长；胁迫/对照抗旱系数（DCd/w）与胁迫/区试抗旱系数（DCd/vrt）基本一致。在谷粒性状上，干旱胁迫降低了谷粒长、谷粒长宽比，但是谷粒宽的胁迫/区试抗旱系数（DCd/vrt）大于 1。在产量构成因素上，穗秕粒数大于 1，穗总粒数在 1 左右，其余性状均较对照降低，表明了干旱胁迫对穗总粒数影响不显著，但显著增加了瘪粒数；但是，有效穗、穗实粒数的 DCd/w 远大于 DCd/vrt，结实率和千粒重则差异不大。在产量上，干旱胁迫降低了经济产量、生物产量和收获指数，YDCd/vrt 与 YDCd/w 相比下降的更多。

表 4-4　干旱胁迫与试验正常水分和区试的株高、穗长和净光合速率相对值

Table 4-4　Plant hight，Spike length and net photosynthesis rate
relative value of drought stress to experimental normal water and variety regional test

品种代号 Variety code	干旱胁迫/试验正常水分的 抗旱系数 DCd/w			干旱胁迫/区试的 抗旱系数 DCd/vrt	
	净光合速率 NPR	株高 PH	穗长 PL	株高 PH	穗长 PL
CX9838	0.97	0.87	0.94	0.87	0.95
GY188	1.02	0.83	0.85	0.83	0.88
KY21	0.86	0.79	0.93	0.78	0.94
CX178	0.95	0.83	0.96	0.83	0.98
CXY425	0.83	0.90	0.91	0.91	0.89
GY198	0.78	0.79	0.83	0.79	0.83
XY027	0.83	0.85	0.92	0.86	0.91
FY6688	1.04	0.76	0.90	0.76	0.91
ⅡY3213	0.79	0.82	0.91	0.80	0.90
GX828	0.77	0.89	0.86	0.89	0.89
FDY2590	0.83	0.82	0.82	0.83	0.83
TLY540	0.90	0.77	0.91	0.77	0.91
YX305	0.77	0.86	0.92	0.85	0.94
YX2079	0.72	0.87	0.88	0.87	0.91
CX8108	0.77	0.89	0.96	0.91	0.97
DX4103	0.95	0.92	0.94	0.95	0.99
CNY498	0.78	0.88	0.91	0.87	0.91
CNY527	0.86	0.85	0.96	0.86	1.00
CX317	0.81	0.86	0.94	0.85	0.93
ⅡY615	0.68	0.75	0.89	0.75	0.92
平均值	0.85	0.84	0.91	0.84	0.92
干旱胁迫 DS	931.3**	1 844.0**	137.2**	—	—
品种 Var	125.3**	31.4**	7.8**	—	—

表 4-5 干旱胁迫与试验正常水分和区试的谷粒性状相对值

Table 4-5 Grain traits relative value of drought stress to experimental normal water and variety regional test

品种代号 Variety code	干旱胁迫/试验正常水分的 抗旱系数 DCd/w			干旱胁迫/区试的抗旱系数 DCd/vrt		
	谷粒长 GL	谷粒宽 GW	谷粒长宽比 GL/GW	谷粒长 GL	谷粒宽 GW	谷粒长宽比 GL/GW
CX9838	0.95	0.96	0.99	1.11	1.04	1.07
GY188	0.96	0.98	0.98	1.07	1.00	1.07
KY21	0.90	0.97	0.92	1.02	1.05	0.98
CX178	0.95	1.01	0.94	1.02	1.05	0.98
CXY425	0.91	0.96	0.95	0.89	0.94	0.94
GY198	0.92	0.97	0.95	1.01	1.05	0.96
XY027	0.81	1.00	0.81	0.92	1.08	0.85
FY6688	0.88	0.99	0.89	0.97	1.08	0.90
ⅡY3213	0.91	0.99	0.92	0.98	1.04	0.95
GX828	0.90	0.97	0.93	0.99	1.09	0.91
FDY2590	0.92	0.93	0.98	1.01	1.00	1.02
TLY540	0.82	0.97	0.85	0.91	1.05	0.86
YX305	0.91	0.97	0.94	0.97	1.05	0.92
YX2079	0.83	0.95	0.88	0.86	1.02	0.84
CX8108	0.96	0.98	0.98	1.00	1.05	0.95
DX4103	0.92	0.95	0.97	0.95	0.97	0.98
CNY498	0.83	0.98	0.84	0.88	1.07	0.82
CNY527	0.88	0.98	0.90	0.92	1.05	0.88
CX317	0.83	0.94	0.88	0.87	1.00	0.87
ⅡY615	0.90	0.81	1.12	0.95	0.82	1.15
平均值	0.89	0.96	0.93	0.96	1.02	0.94
干旱胁迫 DS	1 543.7**	65.3**	331.3**	—	—	—
品种 Var	175.2**	31.5**	93.3**	—	—	—

表 4-6　干旱胁迫与试验正常水分和区试的产量构成因素相对值

Table 4-6　Yield components relative value of drought stress to
experimental normal water and area-test

品种代号 Variety code	干旱胁迫/试验正常水分的 抗旱系数 DCd/w							干旱胁迫/区试的 抗旱系数 DCd/vrt			
	有效穗 EP	穗总粒 TGP	穗实 粒数 FGP	穗秕粒 UGP	结实率 SSR	穗实 粒重 FGWP	千粒重 KGW	有效穗 EP	穗实 粒数 FGP	结实率 SSR	千粒重 KGW
CX9838	0.89	1.02	0.99	1.03	0.97	0.97	0.98	0.54	0.57	0.99	0.99
GY188	0.73	1.05	0.91	1.21	0.86	0.85	0.93	0.43	0.54	0.88	0.94
KY21	0.83	0.99	0.77	1.32	0.78	0.71	0.90	0.5	0.46	0.71	0.83
CX178	0.88	1.11	0.97	1.28	0.87	0.90	0.92	0.52	0.56	0.86	0.91
CXY425	1.00	0.99	0.84	1.43	0.85	0.82	0.97	0.51	0.5	0.84	0.98
GY198	0.68	1.08	0.88	1.51	0.81	0.77	0.87	0.4	0.49	0.82	0.86
XY027	0.83	0.96	0.74	1.56	0.77	0.59	0.79	0.47	0.41	0.76	0.80
FY6688	0.92	0.90	0.85	1.10	0.95	0.82	0.96	0.57	0.54	0.97	0.93
ⅡY3213	0.68	0.92	0.79	0.88	0.87	0.73	0.91	0.36	0.44	0.85	0.92
GX828	0.86	0.94	0.76	1.41	0.81	0.64	0.83	0.51	0.44	0.83	0.80
FDY2590	0.73	1.05	0.89	1.36	0.84	0.73	0.81	0.42	0.49	0.86	0.82
TLY540	0.71	0.94	0.86	0.83	0.92	0.81	0.94	0.44	0.53	0.91	0.92
YX305	0.85	1.01	0.87	1.25	0.86	0.81	0.93	0.49	0.5	0.83	0.90
YX2079	0.95	0.94	0.78	1.29	0.83	0.64	0.81	0.55	0.47	0.80	0.79
CX8108	0.92	0.86	0.82	0.89	0.95	0.73	0.88	0.48	0.5	0.92	0.87
DX4103	0.89	1.01	0.93	1.22	0.92	0.87	0.94	0.58	0.53	0.94	0.95
CNY498	0.80	0.92	0.79	1.06	0.86	0.66	0.83	0.41	0.49	0.85	0.80
CNY527	0.91	1.04	0.99	1.10	0.96	0.91	0.91	0.56	0.58	1.00	0.92
CX317	0.91	1.11	0.91	1.82	0.82	0.79	0.86	0.49	0.52	0.83	0.86
ⅡY615	0.75	0.96	0.76	1.25	0.79	0.58	0.76	0.45	0.43	0.76	0.78
平均值	0.83	0.99	0.85	1.24	0.86	0.77	0.89	0.48	0.50	0.85	0.87
胁迫 DS	994.2**	16.6**	2 978.7**	446.9**	7 854.8**	4 291.7**	2 813.1**	—	—	—	—
品种 Var	78.9**	216.9**	302.7**	146.0**	329.8**	251.8**	195.9**	—	—	—	—

表 4-7 干旱胁迫与试验正常水分和区试的产量性状相对值及
产量抗旱系数和产量抗旱指数

Table 4-7 Yield traits relative value, yield drought coefficient and yield drought index of drought stress to experimental normal water and variety regional test

品种代号 Variety code	干旱胁迫/试验正常水分的 抗旱系数 DCd/w		产量抗旱系数 YDC 和 产量抗旱指数 YDI			
	生物产量 BY	收获指数 HI	YDCd/w	YDId/w	YDCd/vrt	YDId/vrt
CX9838	0.93	0.93	0.86	1.36	0.81	1.29
GY188	0.71	0.87	0.62	0.65	0.53	0.56
KY21	0.68	0.85	0.58	0.46	0.43	0.34
CX178	0.91	0.85	0.78	0.95	0.68	0.83
CXY425	0.98	0.84	0.82	0.97	0.70	0.83
GY198	0.67	0.78	0.52	0.39	0.39	0.29
XY027	0.58	0.84	0.48	0.33	0.35	0.24
FY6688	0.84	0.90	0.75	0.97	0.65	0.84
Ⅱ Y3213	0.54	0.91	0.49	0.33	0.36	0.24
GX828	0.65	0.84	0.54	0.44	0.44	0.35
FDY2590	0.63	0.83	0.52	0.41	0.41	0.32
TLY540	0.61	0.94	0.57	0.60	0.53	0.55
YX305	0.73	0.93	0.68	0.67	0.52	0.51
YX2079	0.75	0.80	0.60	0.59	0.52	0.52
CX8108	0.73	0.91	0.66	0.64	0.55	0.53
DX4103	0.81	0.95	0.78	1.06	0.72	0.98
CNY498	0.63	0.83	0.53	0.41	0.42	0.32
CNY527	0.87	0.94	0.82	1.18	0.76	1.09
CX317	0.76	0.94	0.71	0.71	0.53	0.53
Ⅱ Y615	0.56	0.78	0.43	0.27	0.34	0.21
平均值	0.73	0.87	0.64	0.67	0.52	0.53
干旱胁迫 DS	2 265.4 **	4 926.8 **	5 108.8 **	—	—	—
品种 Var	73.5 **	403.9 **	144.7 **	125.3 **	—	—

4.2.2 不同水分条件下水稻性状的偏相关性分析

对不同水、旱环境下水稻品种性状进行了偏相关分析（附表6、附表7、附表8）。在干旱胁迫下，产量与净光合速率、有效穗、穗长、穗实粒数、

结实率、穗实粒重、千粒重、谷粒长、谷粒长宽比、生物产量和收获指数均
呈显著或极显著正相关。在正常水分条件下，产量与净光合速率、株高、穗
实粒重、千粒重、生物产量和收获指数有显著或极显著的正相关。在品种区
试中，产量与株高、有效穗、结实率、谷粒长显著或极显著相关。这表明，
在不同水分条件下，影响产量的重要因子是不同的。同时，相同因子与产量
的相关程度不一样，比如株高，在非干旱胁迫下与产量极显著相关；而在干
旱胁迫下则与产量相关性不大。

从干旱胁迫与区试性状的比值来看，产量抗旱系数与产量抗旱指数极显
著正相关，且均与有效穗、穗长、穗实粒数、结实率和千粒重极显著正相
关。从干旱胁迫与正常水分性状的比值来看，产量抗旱系数也与产量抗旱指
数极显著正相关，且均与光合速率、有效穗、穗长、穗实粒数、结实率、穗
实粒重、千粒重、生物产量和收获指数极显著正相关。这再次证明了产量抗
旱系数与产量抗旱指数的高度相关性，且与它们显著相关的因子基本一致。
可见，有效穗、穗长、穗实粒数、结实率、千粒重、生物产量和收获指数等
是影响水稻抗旱性的重要指标。

4.2.3 不同抗旱性鉴定综合指标的比较

分别计算了正常水分、区试、干旱胁迫、干旱胁迫/正常水分、干旱胁
迫/区试5种情况下隶属函数综合值（附表9、附表10、附表11、附表12、
附表13），由表可知，隶属函数综合值和品种排序相差很大。同时分别计算
了正常水分、区试、干旱胁迫、干旱胁迫/正常水分、干旱胁迫/区试5种情
况下各主成分的特征向量、贡献率、主成分得分值以及主成分综合值
（PCASV）（附表14、附表15、附表16、附表17、附表18、附表19、附表
20），由表可知，主成分综合值和品种排序相差也很大。

把各综合指标进行偏相关性分析（表4-8），干旱胁迫条件下与正常水
分、区试的相对值，其产量抗旱系数（YDCd/w、YDCd/vrt）、产量抗旱指
数（YDId/w、YDId/vrt）、隶属函数综合值（MFSVd/w、MFSVd/vrt）、主成
分综合值（PCASVd/w、PCASVd/vrt）之间高度正相关；并且与干旱胁迫条
件下的隶属函数综合值（MFSVd）和主成分综合值（PCASVd）高度正相
关。但是，正常水分或区试下的隶属函数综合值（MFSVw、MFSVvrt）和主
成分综合值（PCASVw、PCASVvrt）虽然与其他综合指标部分有极显著或显
著的关系，但是偏相关系数均偏小（小于0.75）。

表4-8　各综合抗旱性评价指标的相关性分析

Table 4-8　Correlation analysis of various synthesis evaluation indices of drought resistance

指标 Index	YDCd/w	YDCd/vrt	YDId/w	YDId/vrt	MFSVd	MFSVw	MFSVd/w	MFSVvrt	MFSVd/vrt	PCASVd	PCASVw	PCASVd/w	PCASVvrt	PCASVd/vrt
YDCd/w														
YDCd/vrt	0.970**													
YDId/w	0.969**	0.990**												
YDId/vrt	0.941**	0.987**	0.994**											
MFSVd	0.912**	0.963**	0.946**	0.950**										
MFSVw	0.453	0.609**	0.547**	0.595**	0.740**									
MFSVd/w	0.973**	0.931**	0.938**	0.907**	0.894**	0.373								
MFSVvrt	0.451*	0.498*	0.455*	0.459*	0.534*	0.616**	0.356							
MFSVd/vrt	0.937**	0.974**	0.974**	0.975**	0.950**	0.575**	0.926**	0.353						
PCASVd	0.929**	0.965**	0.965**	0.964**	0.894**	0.535**	0.870**	0.504**	0.936**					
PCASVw	0.434	0.607**	0.614**	0.674**	0.687**	0.710**	0.423	0.305	0.640**	0.627**				
PCASVd/w	0.915**	0.879**	0.866**	0.836**	0.822**	0.490*	0.840**	0.487*	0.836**	0.850**	0.308			
PCASVvrt	0.086	0.200	0.202	0.240	0.347	0.581**	0.055	0.585**	0.195	0.215	0.596**	0.088		
PCASVd/vrt	0.822**	0.871**	0.875**	0.884**	0.827**	0.443	0.834**	0.113	0.915**	0.817**	0.605**	0.642**	0.015	

注: YDCd/w、YDCd/vrt 和 YDId/w、YDId/vrt 分别为胁迫/对照、胁迫/区试的产量系数和产量抗旱指数; MFSVrt、MFSVd/vrt、MFSVd/w、MFSVw、MFSVd、MFSVvrt、PCASVd、PCASVw、PCASVd/w、PCASVvrt、PCASVd/vrt 分别为胁迫、对照、胁迫/对照、区试、胁迫/区试下的隶属函数综合值和主成分分析综合值。

Note: YDCd/w and YDCd/vrt means yield resistance coefficient of 'Stress to Control' and 'Stress to Variety-regional-test' respectively, while YDId/w and YDId/vrt means yield resistance index of 'Stress to Control' and 'Stress to Variety-regional-test' respectively. MFSVd, MFSVw, MFSVd/w, MFSVvrt and MFSVd/vrt means membership function synthesis value of 'Stress', 'Control', 'Stress to Control', 'Variety-regional-test' and 'Stress to Variety-regional-test' respectively, while PCASVd, PCASVw, PCASVd/w, PCASVvrt and PCASVd/vrt means principal component analysis synthesis value of 'Stress', 'Control', 'Stress to Control', 'Variety-regional-test' and 'Stress to Variety-regional-test' respectively.

通过偏相关分析，可以初步得到 3 点结论：①水旱环境对比综合指标间的偏相关系数均较高，特别是干旱胁迫与试验正常水分和区试的产量抗旱系数、产量抗旱指数间具有高度的相关性，因此水旱环境对比仍是鉴定抗旱性的最佳方式。其中，隶属函数综合值的偏相关系数大于主成分综合值。②仅利用干旱胁迫下的数据的综合分析值与水旱环境对比综合指标具有高度的相关性。③只有正常水分和区试的数据，难以判断品种的抗旱性。

从表 4-9 可知，利用相关性较高的几种综合指标对主推品种排序，其结果基本一致。以产量抗旱系数来评价，YDCd/w 和 YDCd/vrt 对 20 个品种评价排序完全一致的有 9 个品种，吻合度达 45%；抗旱性排名前 5 和后 5 名的完全一致。以产量抗旱指数来评价，YDId/w 和 YDId/vrt 对 20 个品种评价排序完全一致的有 8 个品种，吻合度达 40%；抗旱性排名前 5 和后 5 名的品种吻合度达 80%。以隶属函数综合值来评价，MFSVd/w 和 MFSVd/vrt 对 20 个品种评价排序完全一致的有 8 个品种，吻合度达 40%，抗旱性排名前 5 和后 5 名的 80% 相同。因此，初步认为利用区试数据作为对照进行抗旱鉴定具有可行性，这在实践中有重大意义，其鉴定工作量可以减少一半。目前，还没有看到这方面的报道，因此这个结论还有待进一步研究，或者采用联合试验开展多年多点的研究。

表 4-9　利用区试数据对主推品种抗旱性的排序

Table 4-9　Drought resistance rank of main popularized
rice varieties based on variety-regional-test data

品种 Variety	YDCd/w	排序 Rank	YDCd/vrt	排序 Rank	YDId/w	排序 Rank	YDId/vrt	排序 Rank	MFSVd/w	排序 Rank	MFSVd/vrt	排序 Rank	MFSVd	排序 Rank
CX9838	0.86	1	0.81	1	1.36	1	1.29	1	0.856	1	0.888	1	0.811	1
GY188	0.62	10	0.53	8	0.65	9	0.56	7	0.573	8	0.543	8	0.588	6
KY21	0.58	12	0.43	14	0.46	13	0.34	14	0.408	12	0.357	14	0.327	15
CX178	0.78	4	0.68	5	0.95	6	0.83	5	0.728	3	0.672	4	0.667	4
CXY425	0.82	2	0.7	4	0.97	4	0.83	6	0.666	5	0.594	6	0.603	5
GY198	0.52	16	0.39	17	0.39	17	0.29	17	0.347	17	0.307	16	0.302	17
XY027	0.48	19	0.35	19	0.33	18	0.24	19	0.229	19	0.237	19	0.225	19
FY6688	0.75	6	0.65	6	0.97	4	0.84	4	0.647	6	0.642	5	0.578	7
ⅡY3213	0.49	18	0.36	18	0.33	18	0.24	19	0.387	16	0.273	18	0.252	18
GX828	0.54	14	0.44	13	0.44	14	0.35	13	0.337	18	0.386	13	0.332	14
FDY2590	0.52	16	0.41	16	0.41	15	0.32	16	0.369	15	0.341	15	0.322	16
TLY540	0.57	13	0.53	10	0.6	11	0.55	8	0.496	11	0.441	10	0.56	8

（续表）

品种 Variety	YDCd/ w	排序 Rank	YDCd/ vrt	排序 Rank	YDId/ w	排序 Rank	YDId/ vrt	排序 Rank	MFSVd /w	排序 Rank	MFSVd /vrt	排序 Rank	MFSVd	排序 Rank
YX305	0.68	8	0.52	12	0.67	8	0.51	12	0.554	9	0.479	9	0.474	10
YX2079	0.6	11	0.52	11	0.59	12	0.52	11	0.372	14	0.387	12	0.479	9
CX8108	0.66	9	0.55	7	0.64	10	0.53	9	0.59	7	0.558	7	0.452	11
DX4103	0.78	4	0.72	3	1.06	3	0.98	3	0.726	4	0.76	3	0.709	3
CNY498	0.53	15	0.42	15	0.41	15	0.32	15	0.362	16	0.289	17	0.392	13
CNY527	0.82	2	0.76	2	1.18	2	1.09	2	0.755	2	0.765	2	0.726	2
CX317	0.71	7	0.53	9	0.71	7	0.53	10	0.498	10	0.427	11	0.439	12
Ⅱ Y615	0.43	20	0.34	20	0.27	20	0.21	20	0.20	20	0.215	20	0.148	20

注：YDCd/w、YDCd/vrt 和 YDId/w、YDId/vrt 分别为胁迫/对照、胁迫/区试的产量抗旱系数和抗旱指数；MFSVd/w、MFSVd/vrt、MFSVd 分别为胁迫/对照、胁迫/区试、胁迫下的隶属函数综合值。

Note：YDCd/w and YDCd/vrt means yield drought coefficient of 'Stress to Control' and 'Stress to Variety-regional-test' respectively, while YDId/w and YDId/vrt means yield drought index of 'Stress to Control' and 'Stress to Variety-regional-test' respectively. MFSVd/w, MFSVd/vrt and MFSVd means membership function synthesis value of 'Stress to Control', 'Stress to Variety-regional-test' and 'Stress' respectively.

5 抗旱性鉴定指标和方法的应用

5.1 水稻抗旱材料（品种）的聚类分析与筛选

抗旱性鉴定的最终目的就是筛选抗旱性较强的材料和品种，以供育种和生产布局利用。本研究在抗旱性指标鉴选和评价的基础上，对不同水稻材料或品种进行了抗旱性筛选，结果仅作为科学研究而用。

5.1.1 川香29B NIILs 抗旱性筛选

从前面的分析可知，川香29B NIILs芽期、苗期和全生育期的抗旱性表现不完全一致。但用综合指标（MFSV）来评价，芽期与全生育期的抗旱性基本一致。因此，均采用综合指标进行聚类分析。

采用芽期各指标相对值计算每个材料各浓度下的隶属值并求和，以此计算各材料隶属综合值（MFSV），以此为依据，采用卡方距离和可变类平均法对6份材料进行聚类（图5-1），可将6份参试材料的抗旱性分为强、中、弱三类，其中5819属于强抗旱，5818、5817和5820属于中等抗旱，川香29B和5821属于弱抗旱。

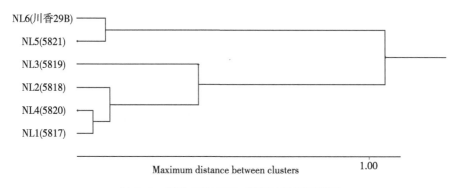

图5-1 川香29B NIILs 芽期抗旱性聚类图

Figure 5-1 Cluster graph of drought resistance of
Chuanxiang 29B NIILs at germination stage

以苗期各指标的隶属函数综合值为依据，对6个参试材料进行系统聚类分析（图5-2），可以将其抗旱性分为强、中、弱3类，其中5817和川香29B抗旱性最强，5818、5820、5821抗旱性中等，5819抗旱性最弱。这与芽期用各指标隶属函数综合值鉴定结果差异很大。

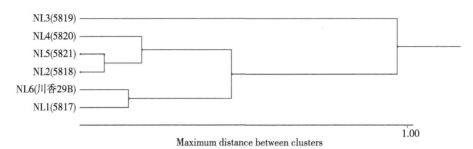

图5-2 川香29B NIILs 苗期抗旱性聚类图

Figure 5-2 Cluster graph of drought resistance of

Chuanxiang 29B NIILs at seedling stage

以全生育期各指标的隶属函数综合值为依据，对6个参试材料进行聚类分析（图5-3），可以将其按其抗旱性分为强、中、弱3类，其中5819和5818抗旱性最强，5817、5821抗旱性中等，川香28B、5820抗旱性最弱。

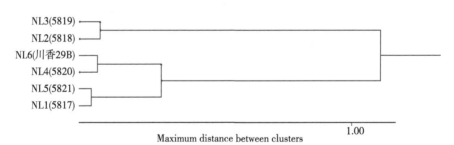

图5-3 川香29B NIILs 全生育期抗旱性聚类图

Figure 5-3 Cluster graph of drought resistance of

Chuanxiang 29B NIILs at whole-growth-stage

由于不同生育时期抗旱性差异，再以各个时期的隶属函数综合值为综合依据，对川香29B NIILs进行聚类分析（图5-4）。按其抗旱性仍然分为强、中、弱3类，其中5819抗旱性最强，5818、5817、5820抗旱性中等，川香28B、5821抗旱性最弱。综合评价结果与芽期和全生育期基本一致。

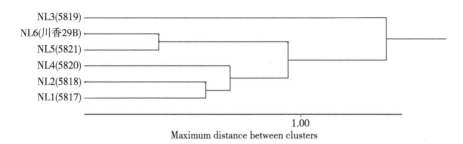

图 5-4   川香 29B NIILs 芽期、苗期和全生育期综合抗旱性聚类图

Figure 5-4   Cluster graph of synthetic drought resistance of Chuanxiang

29B NIILs at germination stage, seedling stage and whole-growth stage

5.1.2   水稻亲本的抗旱性筛选

根据多梯度抗旱性评价方法的研究结果，选择多梯度多性状 AUC 面积（MG_MT_AUC_MUL）、多梯度多性状 AUC 的对数（MG_MT_AUC_LOG）、多梯度多性状 AUC 隶属函数综合值（MG_MT_AUC_MFSV）3 种效果较好的评价指标，对 MH63、SH527、Ⅱ-32B、Bala、R17739-1、IR64 六个亲本材料抗旱性进行综合聚类分析，结果如图 5-5 所示。将其抗旱性分为强、中、弱 3 类，其中Ⅱ-32B、R17739-1、Bala 抗旱性最强，MH63、SH527 抗旱性中等，IR64 抗旱性最弱，评价结果与实际比较吻合。同时，MT_AUC_MFSV 在类间达到显著水平（$F = 28.03^*$），以该指标进行抗旱性分类效果较好。

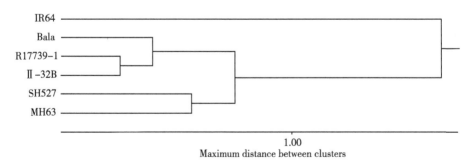

图 5-5   水稻亲本材料抗旱性聚类图

Figure 5-5   Cluster graph of drought resistance of rice parent materials

5.1.3 杂交稻组合的抗旱性筛选

以隶属函数综合值 MFSV 为依据，对 11 个杂交稻组合进行聚类分析（图 5-6），可将参试组合划分为四类：CC8 属于强抗旱型；CC1、CC2、CC7、CC9 和 CC10 为一类，属于抗旱型；CC3、CC4 和 CC5 为一类，属于中间类型；冈优 725（对照品种）和 CC6 属于不抗旱型。

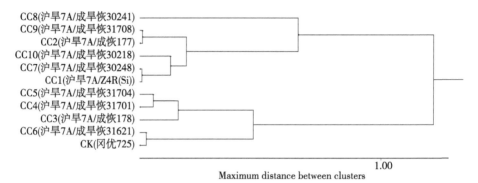

图 5-6 杂交稻组合全生育期干旱下抗旱性聚类图

Figure 5-6 Cluster graph of drought resistance of rice cross combination under whole-growth-stage drought stress

5.1.4 生产主推品种的抗旱性筛选

5.1.4.1 主推品种分蘖期和穗分化期干旱下的抗旱性筛选

分别利用分蘖期、穗分化期隶属函数综合值进行聚类分析（图 5-7、图 5-8）。在分蘖期，可将 30 个参试品种聚为四类，其中，内香 2550、内香 2128、宜香 4245、内 5 优 5399 聚为一类，抗旱性强；内 2 优 6 号、川香优 3203、内 5 优 317、冈香 707、蓉 18 优 188、宜香 7633、宜香 4106、内 5 优 39、宜香 7808 聚为一类，抗旱性较强；内香 8156、D 优 6511、内香优 18 号、川谷优 202、乐丰优 329、蓉稻 415、泰优 99、绵香 576、宜香 1108、川香 858、Ⅱ 优航 2 号、宜香优 2168 聚为一类，抗旱性较弱；川香优 727、香绿优 727、G 优 802、宜香 2079、川作 6 优 177 聚为一类，抗旱性弱。

在穗分化期采用欧式距离-可变类平均法进行聚类分析，可将 30 个参试品种聚为四类，其中，宜香 1108 单独聚为一类（隶属综合值大于 0.80），抗旱性强；乐丰优 329、内香 8156、内 5 优 317、川作 6 优 177、川谷优

202、内香优 18 号、蓉 18 优 188、宜香 2079、绵香 576、川香优 727、D 优 6511、G 优 802、宜香 4106、宜香 7808、宜香 4245、内 5 优 39 聚为一类（隶属综合值在 0.48~0.57），抗旱性较强；Ⅱ优航 2 号、泰优 99 聚为一类（隶属综合值小于 0.35），抗旱性弱；剩余 11 个品种聚为一类，抗旱性较弱。

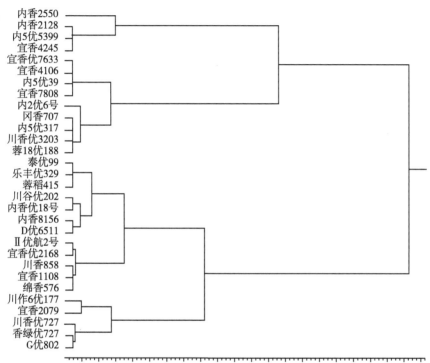

图 5-7　主推品种分蘖期抗旱性聚类分析图

**Figure 5-7　Cluster graph of drought resistance of main
popularized rice varieties at tillering stage**

5.1.4.2　主推品种全生育期干旱下的抗旱性筛选

以水旱条件下相对值的隶属函数综合值（MFSVd/w）来看（附表 11），MFSVd/w≥0.7 的有 4 个品种，即川香 9838、川农优 527、川香 178、德香 4103；0.7>MFSVd/w≥0.5 的品种有 5 个，即辐优 6688、川香优 425、川香 8108、冈优 188、宜香 305；0.5>MFSVd/w≥0.3 的品种有 9 个；有 2 个品

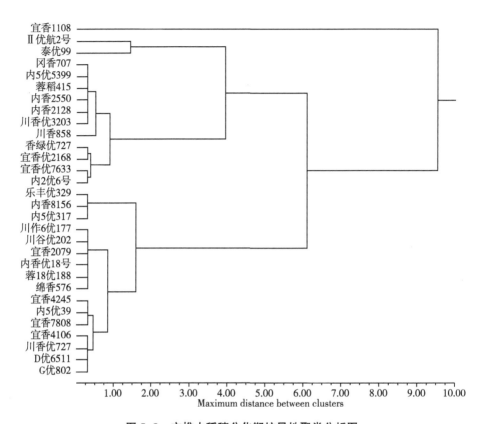

图 5-8　主推水稻穗分化期抗旱性聚类分析图

Figure 5-8　Cluster graph of drought resistance of main popularized rice varieties at panicle initiation stage

种的 MFSVd/w<0.3，即Ⅱ优 615 和协优 027。

　　选取水旱条件下相对值的主成分综合值（PCASVd/w）对 20 个参试的主推品种进行聚类分析。由图 5-9 可知，可以把品种按抗旱性分为强、中、较弱、弱四类，其中川香 9838、川香 178、川香优 425、德香 4103、川农优 527 为第一类，抗旱性强；冈优 188、辐优 6688、宜香 305、川香 8108、川香 317 为第二类，抗旱性中等；K 优 21、冈香 828、天龙优 540、宜香 2079、川农优 498、冈优 198、协优 027、Ⅱ优 3213、丰大优 2590 为第三类，抗旱性较弱；Ⅱ优 615 抗旱性弱，其在正常水分环境和胁迫环境下，其产量在参试品种中均为最低。这与 MFSVd/w 的分类结果基本一致。

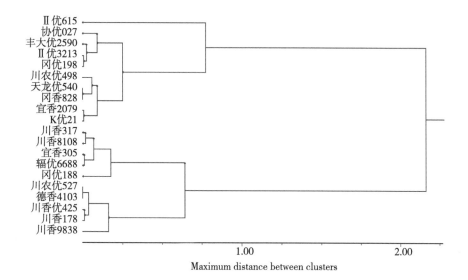

图 5-9　主推品种全生育期干旱下抗旱性聚类图

Figure 5-9　Cluster graph of drought resistance of main popularized rice varieties under whole-growth-stage drought stress

5.2　水稻不同生育时期的抗旱性预测研究

在开展大量抗旱性鉴定的基础上，通过建立预测回归方程，可以减少抗旱性鉴定指标的测定，从而减轻工作量、降低工作强度。本研究针对水稻不同时期以一级指标和二级指标的综合指标分别建立预测模型。

5.2.1　水稻芽期干旱下的抗旱性预测

以川香 29B NIILs 芽期隶属综合值作为因变量（$Y_{GS-MFSV}$），以 15 个指标相对值作自变量（X），通过逐步回归分析，建立了包含 3 个指标的回归方程：$Y_{GS-MFSV} = 2.14 - 0.39X_1 + 0.16X_9 + 0.10X_{12}$，决定系数为 0.997（$F = 228.79^{**}$）。式中，$X_1$：发芽势；$X_9$：丙二醛 MDA；$X_{12}$：细胞分裂素 CTK。利用回归方程对观察值进行拟合计算，拟合相对误差在 0.662% ~ 3.012%。

以主推品种芽期储藏物质转化率（$Y_{GS-SMCR}$）作为因变量，以其余 22 个性状相对值作为自变量，进行逐步回归分析，建立了包含 8 个指标的线性回归方程：$Y_{GS-SMCR} = 0.09 + 0.18X_2 - 0.10X_4 + 0.24X_6 + 0.48X_9 - 0.08X_{11} + 0.12X_{12} -$

$0.04X_{22}-0.02X_{23}$。决定系数为 0.985（F 值 $= 89.77^{**}$），方程极显著。式中，X_2：发芽率；X_4：活力指数；X_6：芽长；X_9：芽干重；X_{11}：剩余种子干重；X_{12}：根芽比；X_{22}：可溶性糖；X_{23}：脯氨酸。利用回归方程对观察值进行拟合计算，拟合相对误差在 $0.074\%\sim2.703\%$。

以主推品种芽期隶属函数综合值（$Y_{GS-MFSV}$）作为因变量，以 23 个性状相对值作为自变量，进行逐步回归分析，建立了包含 7 个指标的线性回归方程，决定系数为 0.989（F 值 $= 155.92^{**}$）。利用回归方程对观察值进行拟合计算，拟合相对误差在 $0.111\%\sim6.771\%$。回归方程：$Y=-0.55+0.55X_4-0.57X_6-0.13X_{11}+0.60X_{13}+0.78X_{14}+0.16X_{19}+0.081X_{21}$，式中，$X_4$：活力指数；$X_6$：芽长；$X_{11}$：剩余种子干重；$X_{13}$：储藏物质转化率；$X_{14}$：幼苗相对含水量；$X_{19}$：$\alpha$-淀粉酶活性；$X_{21}$：$\beta$-淀粉酶活性。

5.2.2 水稻苗期干旱下的抗旱性预测

以苗期反复干旱存活率作为因变量（$Y_{SS-SRRD}$），第 1 次干旱胁迫后根系和叶片 26 项指标的相对值作自变量（X）通过逐步回归分析，$Y_{SS-SRRD}=-182.74+2.36X_3+180.04X_{17}+19.26X_{19}+36.58X_{20}$，式中，$X_3$、$X_{17}$、$X_{19}$、$X_{20}$ 分别代表第 1 次干旱胁迫后根粗、叶片脱落酸、赤霉素和乙烯含量的相对值，方程决定系数 $R^2=0.999$，$F=156.32^{**}$，方程极显著。入选的预测指标主要为激素类，以这 4 项指标可作为第 1 次干旱胁迫后预测水稻抗旱性的指标。利用回归方程对观察值进行拟合计算，拟合相对误差在 $0.001\%\sim0.057\%$。

以反复干旱存活率作为因变量（$Y_{SS-SRRD}$），第 2 次干旱胁迫后根系和叶片 26 项指标的相对值作自变量（X）通过逐步回归分析，（$Y_{SS-SRRD}=98.90-6.82X_1+20.20X_2+7.08X_{12}-33.80X_{21}$，式中，$X_1$、$X_2$、$X_{12}$、$X_{21}$ 分别代表第 2 次干旱胁迫后总根长、根表面积、叶片中还原型谷胱甘肽和过氧化物酶活的相对值，方程决定系数 $R^2=0.999$，$F=794.53^{**}$，方程极显著，可用这 4 项指标作为反复干旱后预测水稻早期抗旱性的预测指标。利用回归方程对观察值进行拟合计算，拟合相对误差在 $0.003\%\sim0.019\%$。

以苗期隶属综合值作为因变量（$Y_{SS-MFSV}$），以第 2 次干旱胁迫各指标相对值作为自变量（X），通过逐步回归分析，建立回归方程：$Y_{SS-MFSV}=-2.87+0.69X_2+1.60X_5+0.31X_9+1.26X_{18}$，方程决定系数 $R^2=0.999$，$F=259\ 257.16^{**}$，方程极显著。式中，X_2、X_5、X_9、X_{18} 分别代表第 2 次干旱胁迫后根表面积、SPAD 值、可溶性糖、细胞分裂素 CTK 的相对值。利用回归方程对观察值进行拟合计算，拟合相对误差在 0.001%~0.040%。

5.2.3 水稻分蘖期和穗分化期干旱下的抗旱性预测

在主推品种分蘖期抗旱性鉴定的基础上，以分蘖期产量抗旱指数（Y_{TS-YDI}）建立回归方程：$Y_{TS-YDI} = -1.28 + 0.39X_5 + 2.0X_8$，决定系数 $R^2 = 0.849$，$F = 75.68^{**}$。该回归方程中，X_5、X_8 分别为穗总粒数和产量。

以分蘖期隶属综合值（$Y_{TS-MFSV}$）为因变量建立回归方程：$Y_{TS-MFSV} = -1.68 + 0.47X_1 + 0.73X_4 + 0.32X_6 + 0.54X_7$，决定系数 $R^2 = 0.959$，$F = 144.54^{**}$。该回归方程中，X_1、X_4、X_6、X_7 分别为最高分蘖、有效穗、结实率、千粒重相对值。

以穗分化期产量抗旱指数（$Y_{PIS-YDI}$）建立回归方程：$Y_{PIS-YDI} = -0.99 + 2.05X_8$，决定系数 $R^2 = 0.724$，$F = 73.31^{**}$。该回归方程中，只有产量性状，即产量抗旱系数。这表明产量抗旱系数与产量抗旱指数高度相关，只需要产量相对值就可以进行预测。

以穗分化期隶属综合值（$Y_{PIS-MFSV}$）为因变量建立回归方程：$Y_{PIS-MFSV} = 1.48 - 0.35X_1 - 0.51X_2 - 0.15X_3 - 0.31X_4 - 0.35X_5 + 0.26X_6 + 0.33X_7$。决定系数 $R^2 = 0.9999$，$F = 1181925.01^{**}$。X_1、X_2、X_3、X_4、X_5、X_6、X_7 分别为最高分蘖、齐穗期 LAI、粒叶比、有效穗、穗总粒数、结实率、千粒重。以穗分化期隶属综合值为因变量的回归方程预测效果较好，但纳入的指标较多。

分蘖期和穗分化期预测回归分析结果表明，以产量抗旱指数为因变量的回归方程基本由产量抗旱系数所决定。

5.2.4 水稻全生育期干旱下的抗旱性预测

在盆栽试验对 20 个水稻主推品种抗旱性鉴定的基础上，以产量抗旱指数（YDId/w）作为因变量（$Y_{WGS-YDId/w}$），水稻产量性状与其他形态、生理性状的相对值作为自变量（X），通过逐步回归分析，建立的回归方程如下。
$Y_{WGS-YDId/w} = -1.74 - 0.99X_5 + 1.58X_6 + 1.63X_{14} + 0.97X_{15}$。式中，$X_5$、$X_6$、$X_{14}$、$X_{15}$ 分别代表穗总粒数、穗实粒数、生物产量和收获指数的相对值。方程的复相关系数 $R = 0.978$，决定系数 $R^2 = 0.957$，$F = 82.99^{**}$，方程极显著。通径分析结果表明：从直接作用看，X_5（$P_{0.5} = -0.220$）为负向直接作用，是影响产量抗旱指数的唯一的负向因子，决定系数（$d_{0.5} = 0.048$），直接作用效应值较小。而 X_{14}、X_6、X_{15} 均为正向直接作用，其中，X_{14}（$P_{0.14} =$

0.665）是影响产量抗旱指数的第一位正向因子，决定系数（$d_{0.14}$ = 0.44）占首位；其次 X_6（$P_{0.6}$ = 0.397），决定系数 $d_{0.6}$ = 0.158；再次为 X_{15}（$P_{0.15}$ = 0.176），决定系数 $d_{0.6}$ = 0.031。因此，从直接作用看，本试验 X_{14} 是影响产量抗旱指数第一位正向调控因子，X_6 和 X_{15} 分别为第二位和第三位正向因子，而 X_5 对产量抗旱指数的直接作用为负向调控因子。

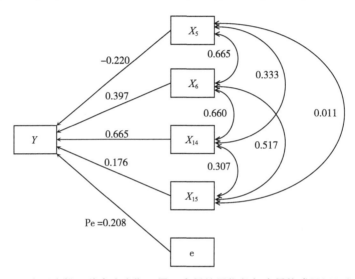

图 5-10　水稻主推品种全生育期干旱下产量抗旱指数与产量构成因子通径分析

Figure 5-10　Path analysis ofyield drought index and yield components of main popularized rice varieties under whole-growth-stage drought stress

从间接作用看，X_5 通过 X_6、X_{14} 和 X_{15} 均为正的间接作用总效应为 0.487，其值最大，其正向间接作用总效应值大于其负向直接作用；其中 X_5 通过 X_6 对产量抗旱指数正向间接影响为 0.264 效应值最大，X_5 通过 X_{14} 对产量抗旱指数间接影响为 0.221，两者间接作用占总和的 99.59%。X_{15} 通过 X_5、X_6 和 X_{14} 的间接作用之和为正向 0.407，其值次之；X_{15} 通过 X_6 和 X_{14} 正向效应值之和为 0.409。X_6 通过 X_5、X_{14} 和 X_{15} 的间接作用之和为正向 0.383，其值排第三，其中 X_6 通过 X_{14} 正向效应值为 0.439。X_{14} 通过 X_5、X_6 和 X_{15} 的间接作用之和为正向 0.243，其值最小；X_{14} 通过 X_6 正向效应值为 0.262。因此，从间接作用看，X_5 和 X_{15} 影响产量抗旱指数的第一位和第二位正向调控因子，其原因是 X_5 和 X_{15}，以及两者均与 X_6 和 X_{14} 均呈极显著或显著正相关，与之同步增减，从而使产量抗旱指数增加。因此，要获得较高的产量抗旱指数，首先应保持高的生物产量，较高的穗实粒数和收获指数，并将穗总粒数控制在合适的水平。用此方程对各品种的抗旱性进行预测，20个品种的抗旱性预测值与产量抗旱指数的相关性极显著（$r=0.978^{**}$），说明用此方程预测品种的抗旱性效果好，准确性高。由上述方程可知，穗总粒数、穗实粒数、生物产量和收获指数对水稻品种的抗旱性有显著影响，因此可以把它们作为抗旱性鉴定预测指标，这些指标测定简便易行。另外以干旱胁迫与区试相对值的产量抗旱指数（YDId/vrt）作为因变量（$Y_{\text{WGS-YDId/vrt}}$），水稻性状的相对值作为自变量（X），通过逐步回归分析，建立的回归方程如下：$Y_{\text{WGS-YDId/vrt}}=-2.58+0.66X_6+1.79X_8+1.41X_{14}$，式中，$X_6$、$X_8$、$X_{14}$分别代表穗实粒数、结实率、生物产量的相对值。方程的复相关系数$R=0.9576$，决定系数$R^2=0.9169$，$F=58.87^{**}$，方程极显著。这与影响$Y_{\text{WGS-YDId/w}}$的因素基本一致。

在盆栽试验对20个水稻主推品种抗旱性鉴定的基础上，以隶属函数综合值（MFSVd/w）作为因变量（$Y_{\text{WGS-MFSVd/w}}$），各性状的相对值作为自变量（X），通过逐步回归分析，建立的回归方程如下：$Y_{\text{WGS-MFSVd/w}}=-2.02+0.19X_1+0.20X_2+0.23X_3+0.22X_4+0.66X_6+0.12X_7+0.44X_{10}+0.34X_{11}+0.55X_{17}$，式中，$X_1$：光合速率；$X_2$：株高；$X_3$：有效穗；$X_4$：穗长；$X_6$：穗实粒数；$X_7$：穗秕粒数；$X_{10}$：千粒重；$X_{11}$：谷粒长；$X_{17}$：经济产量。方程复相关系数$r=0.9999$，决定系数$R^2=0.9997$，$F=3777.84^{**}$，方程极显著。对20个水稻主推品种进行盆栽试验抗旱性鉴定的基础上，以全生育期干旱胁迫下的隶属函数综合值作为因变量（$Y_{\text{WGS-MFSVd}}$），水稻产量性状与其他形态、生理性状的绝对值作为自变量（X），通过逐步回归分析，建立的回归方程如下：$Y_{\text{WGS-MFSVd}}=-0.95+0.72X_3-0.13X_7+1.27X_9$，式中，$X_3$、$X_7$、$X_9$分别代表有效穗、穗秕粒数、穗实粒重的绝对值。方程的复相关系数$R=0.9518$，决定系数$R^2=0.9060$，$F=51.40^{**}$，方程极显著。表明在干旱胁迫下，可以用有效穗、穗秕粒数、穗实粒重这3个指标进行抗旱性预测。

全生育期抗旱性预测的验证。应用20个水稻主推品种全生育期盆栽干旱胁迫试验预测方程（$Y_{\text{WGS-YDId/w}}=-1.74-0.99X_5+1.58X_6+1.63X_{14}+0.97X_{15}$，式中，$Y_{\text{WGS-YDId/w}}$为全生育期干旱胁迫与正常水分的产量抗旱指数；$X_5$、$X_6$、$X_{14}$、$X_{15}$分别为穗总粒数、穗实粒数、生物产量和收获指数的相对值），对川香29B NIILs的抗旱性进行预测验证（表5-1）。结果表明，在中度干旱胁迫下，预测值与实测值显著正相关，T3、T4下的相关系数均为0.946^{**}；同时，完全吻合度达到66.7%~100%；预测显示，NL2（5818）、

NL3（5819）的抗旱性高于其他材料，与抗旱鉴定结果一致，预测效果较好。

表 5-1　全生育期干旱下主推品种盆栽试验预测方程对川香 29B NIILs 抗旱性预测验证

Table 5-1　Prediction verifying for drought resistance of Chuanxiang 29B NIILs by pot-experiment prediction equation of main popularized rice varieties under whole-growth-stage drought stress

干旱胁迫 Drought stress	供试材料 Tested material	产量抗旱指数实测值 Measured value of YDI	实测值排序 Rank of measured value	产量抗旱指数预测值 Predictive value of YDI	预测值排序 Rank of predictive value	实测值与预测值的相关性 Correlation of measured value and predictive value	抗旱性完全吻合度(%) Complete fit proportion of drought resistance
	NL1	0.71	6	1.203	5		
	NL2	1.14	1	1.491	3		
T2	NL3	1.00	4	1.210	4	$r = 0.716$	33.3
	NL4	1.01	3	1.670	1		
	NL5	1.07	2	1.600	2		
	NL6	0.80	5	1.101	6		
	NL1	0.44	6	0.399	6		
	NL2	1.17	2	1.351	2		
T3	NL3	1.41	1	1.441	1	$r = 0.946$ [**]	100
	NL4	0.65	4	0.944	4		
	NL5	0.59	5	0.811	5		
	NL6	0.81	3	0.963	3		
	NL1	0.53	4	0.611	4		
	NL2	0.96	2	0.994	2		
T4	NL3	1.15	1	1.068	1	$r = 0.946$ [**]	66.7
	NL4	0.45	6	0.425	5		
	NL5	0.67	3	0.728	3		
	NL6	0.48	5	0.297	6		
	NL1	0.41	2	−0.561	3		
	NL2	0.40	3	−0.441	2		
T5	NL3	0.56	1	−0.333	1	$r = 0.919$ [**]	33.3
	NL4	0.18	5	−1.152	6		
	NL5	0.12	6	−0.951	5		
	NL6	0.29	4	−0.888	4		

6 讨论与结论

6.1 讨论

6.1.1 关于水稻抗旱机理与抗旱性鉴定指标的筛选

水稻适应干旱胁迫是一个错综复杂的过程，根系等组织接受干旱信号后，抗旱相关基因表达增强，调控蛋白质等物质合成与分解，改变自身形态结构（如根、茎、叶等形态和分布），增强渗透调节能力（主动积累可溶性糖、游离氨基酸、脯氨酸等有机类物质和无机离子 K^+ 等），提高体内 CAT、POD、SOD 等保护酶活性和自由基清除能力，调控激素分配比例，进而提高稻株抗旱能力（武维华，2008；Hall，1976；杨建昌等，1995c；李冠等，1990；周广生，2006；黄文江等，2002）。

准确选择与水稻抗旱性关系密切的指标是抗旱性鉴定的关键。本研究结果表明，在芽期、苗期、分蘖期、穗分化期和全生育期，干旱胁迫对水稻不同生育时期形态指标、生长发育指标、生理指标、产量及产量相关指标均有影响，并且不同干旱胁迫程度下各指标的增幅或降幅存在差异，这与前人研究结果基本一致（杨瑰丽等，2015a；李艳等，2005；敬礼恒等，2014；胡标林等，2005；寇姝燕等，2012；王贺正等，2004）。

6.1.1.1 水稻芽期抗旱机理与抗旱性鉴定指标的筛选

芽期干旱胁迫下，水稻通过增加根长、根数和根表面积，提高根系对养分的吸收，提高参与物质转化酶类的活性，提高物质转化率，加速根芽的生长来提高抗旱能力（敬礼恒，2013a；周小梅等，2012；王贺正等，2004）。

水稻种子萌发是一系列有序的、复杂的生理生化代谢过程，主要包括种子内部营养物质代谢和形态建成。研究认为水稻芽长、芽鞘长、根长、芽干重、发芽率可以作为水稻芽期抗旱性指标（王秋菊等，2012a）；采用相对芽鞘长、芽长、芽干重、幼芽粗度、幼根长度和幼根粗度鉴定水稻芽期抗旱性更佳（牛同旭等，2018；徐建欣等，2015）；水稻胚芽鞘、胚根长度、SOD、POD、CAT 活性和 GSH、Vc、Pro、MDA 以及亚精胺（Spd）、精胺（Spm）含量等的相对值可作为水稻芽期抗旱性鉴定指标（周小梅等，2012；王贺正等，2004）；田又升等（2014）认为发芽率、胚根长、胚芽长、根干重、物质转运速率可以作为水稻芽期抗旱性鉴定指标，并且指出芽期抗旱性不能代表水稻的综合抗旱水平；也有研究证明采用种子萌发抗旱系数对水稻芽期抗旱性鉴定的结果优于发芽率（安永平等，2006；敬礼恒，2013a）。

在萌发生长相关指标上，萌发抗旱系数在大多数研究中被作为首选鉴定指标（张振文等，2008；安永平等，2006；敬礼恒等，2014）。在本研究中，萌发抗旱系数在干旱胁迫和品种间均达极显著差异，但其对参试材料抗旱性评价结果与隶属综合评价结果并不完全一致，在体现材料抗旱性强弱上效果不及种子储藏物质转化率，作为一级鉴定指标有待商榷。干旱胁迫下，川香29B NIILs的发芽势、发芽率在干旱胁迫和材料间差异均不显著；主推品种根数与隶属综合值无显著相关性，这与杨瑰丽等（2015b）的研究结果一致，不宜作为抗旱性鉴定指标（敬礼恒等，2014）；根干重作为抗旱性鉴定指标还有争议（王贺正等，2004）；主推品种的根芽比虽在品种间变化趋势差异较大，但在干旱胁迫间差异未达显著水平，研究指出根芽比与水稻幼苗干旱存活率相关性不显著（安永平等，2006），不宜作为抗旱性鉴定指标。主推品种的活力指数、芽长、芽干重、储藏物质转化率与其隶属综合值相关性均达极显著正相关（相关系数分别为0.810**、0.808**、0.726**、0.901**），且在干旱胁迫间、品种间均达显著差异。这4个指标在较多文献中报道作为抗旱性鉴定指标（王秋菊，2012b；敬礼恒等，2014；田又升等，2015；王贺正等，2004）。其中，储藏物质转化率与发芽势、发芽率、萌发抗旱系数等萌发相关指标和根芽生长、可溶性糖、脯氨酸等均有显著相关性，且与隶属综合值相关性达0.901**，为各指标中最高值，可作为首选指标。

在生理指标上，干旱胁迫引起SOD活性在川香29B NIILs中有所上升，而在主推品种中降低；主推品种的脯氨酸在品种间差异不显著，因此它们作为抗旱性鉴定指标有待进一步研究。川香29B NIILs的POD、可溶性蛋白质含量在干旱胁迫间、材料间均有显著差异，与其隶属综合值显著相关（相关系数分别为0.885*、−0.883*），且分别与发芽势、发芽率显著相关。芽期幼苗相对含水量作为抗旱性鉴定指标的研究较少。主推品种的α-淀粉酶在品种间有上升有下降，总淀粉酶、β-淀粉酶表现为上升，其与隶属综合值呈显著正相关（相关系数分别为0.551*、0.545*、0.550*）。有研究表明，α-淀粉酶、总淀粉酶不宜作为抗旱性鉴定指标，β-淀粉酶则能反映水稻的抗旱性（王秋菊，2012b；李艳，2006）。因此，可溶性蛋白质、β-淀粉酶活性、POD可作为芽期抗旱性鉴定备选指标。

在内源激素变化上，川香 29B NIILs 的 IAA、CTK、GA、ABA、ETH 均与其隶属综合值无显著相关性，能否作为抗旱性鉴定指标有待进一步研究验证。

6.1.1.2 水稻苗期抗旱机理与抗旱性鉴定指标的筛选

苗期干旱胁迫下，水稻通过增加根长、根数和根表面积，提高幼苗叶片光合能力，增强叶片渗透调节能力，提高叶片中 SOD、POD 和 CAT 活性，增加 ABA 含量调节气孔开度，增加叶片相对含水量，进而提高抗旱能力（姜雪，2015；肖俊青等，2016；熊放，2016；于艳敏等，2015；付学琴等，2011；刘维俊等，2014；陈展宇，2008）。

王贺正等（2009）研究认为可溶性蛋白、AA、GSH、AsA 和 MDA 含量及 SOD、POD 和 CAT 活性的相对值可作为水稻苗期抗旱性鉴定指标；肖俊青等（2016）研究认为最大根长、根叶长比、分蘖数、耗水量可作为苗期较好的抗旱性鉴定指标；于艳敏等（2015）研究发现株高、叶干重、根长及根干重可以作为水稻苗期抗旱性鉴定的形态指标；胡标林等（2013）研究认为最大根长、根数、根鲜重和根系相对含水量可作为苗期抗旱性鉴定指标；王秀珍等（1991）研究认为 α-淀粉酶活性和 β-淀粉酶活性可以作为鉴别水稻抗旱性的参考指标；王贺正等（2007b）研究认为 POD 酶活性、GSH 含量、叶鲜重和叶龄 4 个指标相对值为水稻苗期抗旱性的鉴定指标；有研究认为干旱胁迫诱导根系合成 ABA 经导管向上运输到叶片，引起气孔关闭和降低蒸腾强度，从而减少了水分损失，并且干旱胁迫下叶片中 ABA 含量的增加与气孔导度呈显著负相关（范晓荣等，2003）；脯氨酸既能作为渗透调节物质，又能作为可利用的氮源，在干旱胁迫下对 NH_3 还有解毒作用，能增加细胞的束缚水，有利于抗旱（张宪政，1992）。

苗期反复干旱存活率是目前公认的苗期干旱胁迫鉴定的重要指标，已被广泛应用于水稻苗期抗旱性鉴定。在本研究中，川香 29B NIILs 的第一次干旱存活率、第二次干旱存活率与反复干旱存活率评价结果一致，水分处理和材料间差异均达显著，与隶属函数综合值呈显著相关性（$r = 0.886^*$），表明反复干旱存活率可作为苗期抗旱性评价一级指标。

在形态、生长指标上，总根长和株高在第 1 次干旱胁迫后增加，在第 2 次干旱胁迫后降低，株高受胁迫影响不显著；根体积与反复干旱存活率无显著相关性；有研究认为干旱胁迫下，根系干重、根冠比呈下降趋势（于艳敏等，2015），本研究结果却表现为增加，因此，以上指标作为抗旱性鉴定指标有待进一步研究。根表面积、根粗在干旱胁迫间差异显著，且与反复干旱存活率显著相关，可作为抗旱性鉴定备选指标。

在生理指标上，SPAD、叶绿素 a、叶绿素 b 受干旱胁迫而降低，类胡萝卜素含量在第 1 次干旱胁迫后降低、在第 2 次干旱后升高，均与反复干旱存活率无显著相关性；氨基酸含量干旱胁迫后均降低，部分材料增加，部分材料降低；还原型谷胱甘肽在第 1 次干旱胁迫后升高，第 2 次干旱后降低，Vc 在干旱胁迫下降低；而有研究认为在干旱胁迫下，叶片 SPAD 值、叶绿素 a 和叶绿素 b、游离氨基酸、类胡萝卜素、Vc 含量均增加（李艳，2006），这与本研究结果不一致。

在酶活性上，干旱胁迫下，POD、SOD、CAT、P5CS、δ-OAT、ProDH 活性在干旱胁迫下均显著提高。通过相关性和隶属函数综合分析，POD 与反复干旱存活率显著相关，CAT 在隶属综合评价中指标权重最高（0.073），此两个指标可作为抗旱性鉴定备选指标，这与王贺正等（2009）研究结果一致。研究认为，在胁迫条件下 ProDH 活性受到抑制，这与本研究结果不一致（王丽媛等，2010）。

在内源激素上，在第 1 次干旱胁迫后生长素、细胞分裂素在干旱胁迫间无显著差异；在干旱胁迫下赤霉素含量显著降低，脱落酸、乙烯含量显著升高。赤霉素和乙烯含量与反复干旱存活率无显著相关性；脱落酸含量在第 1 次干旱胁迫后与反复干旱存活率呈显著相关，可作为苗期抗旱性鉴定备选指标。

6.1.1.3 水稻分蘖期和穗分化期抗旱机理与抗旱性鉴定指标的筛选

分蘖期受到干旱胁迫，通过增加分蘖能力、提高成穗率，从而降低干旱对产量的影响；穗分化期受到干旱胁迫，以增加穗总粒数来减少干旱胁迫下的产量损失（徐富贤等，2017；于美芳等，2017；段素梅等，2017；赵宏伟等，2016；王成瑗等，2007；蔡昆争等，2008）。

对于水稻分蘖期和穗分化期抗旱性指标的筛选，杨瑰丽等（2015a）研究认为结实率可以作为水稻幼穗分化期的抗旱性鉴定指标；钟娟等（2015）研究认为不同水稻品种在分蘖期和穗分化期干旱，其叶绿素含量、干物质积累、株高存在显著性差异；胡标林等（2007）认为叶片相对含水量、单株分蘖数、穗实粒数、千粒重、株高、单株有效穗数可以作为抗旱鉴定指标。

本研究结果表明，在分蘖期和穗分化期复水前发根力的变异系数大于伤流量。有效穗在分蘖期干旱下略有增加，在穗分化期干旱下略有降低；穗总粒数则在分蘖期干旱下明显下降，在穗分化期干旱下有所增加；结实率和千粒重在两个时期干旱时均降低，粒叶比在两个时期均增加，但千粒重对干旱胁迫最不敏感。因此，有效穗和穗总粒数作为抗旱性鉴定指标有待进一步研究；干旱胁迫对千粒重的影响程度较小，这与前人的研究结果一致（王成瑗等，2006；江学海等，2015）。

6.1.1.4　水稻全生育期抗旱机理与抗旱性鉴定指标的筛选

水稻全生育期抗旱性是各个生育期抗旱机制综合作用的结果。干旱胁迫下通过促进根系生长、降低地上部生长来增强对干旱的抵抗能力；在产量形成方面，在轻度干旱胁迫下维持较高的光合速率，并通过提高有效穗，维持较高的穗总粒数来弥补产量损失（熊正英等，1996；蔡易等，2012；胡标林等，2007）。

水稻生产的目标就是为获得更多的稻谷，因此产量及相关指标是鉴定水稻抗旱性最重要、最直接的指标。抗旱系数、抗旱指数、耗水系数、用水效率等是进行水稻抗旱鉴定时常用的指标（林关石，1984；兰巨生等，1990）；水稻产量性状、穗部性状与水稻的抗旱性也密切相关（张燕之等，2002；王秀萍等，2006；程建峰等，2005）；研究认为单株有效穗、结实率和千粒重的相对值可以作为水稻抗旱鉴定指标（付学琴等，2012）。

本研究结果表明，在适度干旱胁迫下，叶片净光合速率、水分利用效率、穗颈节长、一次枝梗数、穗总粒数、穗实粒数、结实率、单穗实粒重、单穗总粒重、千粒重、产量、收获指数、谷粒长、谷粒宽等指标下降幅度随胁迫程度加重而增大，穗秕粒数和穗秕粒重增加。同时，这些指标在不同类型的材料（品种）间变化趋势一致，可作为抗旱性鉴定指标予以考虑。

干旱胁迫显著降低水稻株高，但在川香 29B NIILs 之间没有显著差异；有效穗在川香 29B NIILs 和杂交稻组合中均无显著差异，千粒重在川香 29B NIILs 间差异不明显；川香 29B NIILs 的穗长、谷粒长宽比、有效穗、生物产量在一定干旱胁迫范围内没有显著变化，因此，这些指标能否作为抗旱性鉴定指标有待商榷。

6.1.2　关于水稻抗旱性鉴定评价方法应用与创新

6.1.2.1　水稻多梯度干旱胁迫综合评价

水稻抗旱性是多种因素共同作用的复杂的数量性状，在自身遗传因素和环境因素作用下，水稻不同生育阶段抗旱性表现均有所不同，显示出抗旱机制上的差异。研究指出水稻具有应对干旱的自适应调节机制，可以进行适应调节以达到抗旱、耐旱的目的（康海岐等，2011；胡标林等，2015；王贺正，2007c；周广生，2006）。前人进行抗旱性评价，多采用单梯度干旱胁迫，以胁迫与对照指标的绝对值或相对值进行单指标或多指标综合抗旱性分析（程建峰等，2005；胡标林等，2007；戴高兴等，2008；王贺正等，2009；杨瑰丽等，2015b；于艳敏等，2015）；即使采用多梯度干旱胁迫，往往只选择了最优梯度进行单梯度抗旱性分析或梯度间比较分析（褚旭东等，2006；周小梅等，2012；段素梅等，2014；田又升等，2015；卞金龙等，2017）。由于不同水稻材料（品种）对干旱胁迫耐受度不同，单一干旱胁迫下，可能有的材料（品种）已超过胁迫耐受极限，有的还在耐受范围之内。因此，单一干旱胁迫梯度并不能准确评价抗旱性。

　　因此，本研究提出了多梯度干旱胁迫综合评价方法，试图将材料（品种）在耐旱范围内的抗旱信息能够尽可能纳入，以全面反映材料（品种）抗旱性，避免单一干旱胁迫下抗旱信息的缺失。在改进抗旱指数（DI）的基础上，以梯度量化控水条件下的相关性状的 DI 值作图，计算图中各 DI 点与横坐标构成的曲线下面积（Area Under Curve，AUC），视为各材料（品种）在梯度量化控水条件下各性状对土壤水分条件变化响应的综合效应，并分别计算了多梯度多性状 AUC 和（MG_MT_AUC_SUM）、多梯度多性状 AUC 积（MG_MT_AUC_MUL）、多梯度多性状 AUC 的对数（MG_MT_AUC_LOG）、多梯度多性状 AUC 隶属综合值（MG_MT_AUC_MFSV）等复合指标。结果显示，以多梯度多性状 AUC 积排序，R17739-1 抗旱性排第一位，SH527、Ⅱ-32B 分列第二、三位，IR64 排最后一名；以多梯度多性状 AUC 对数排序，SH527 抗旱性排第一位，Bala、R17739-1 分别列第二、三位，IR64 排最后一名；以多梯度多性状 AUC 隶属综合值排序，R17739-1 抗旱性排第一，Bala、Ⅱ-32B 分列第二、三位，IR64 排最后一名。利用这 3 个复合指标进行综合聚类分析，6 个参试材料的抗旱性可聚为 3 类，R17739-1、Bala、Ⅱ-32B 聚为一类，抗旱性较强；SH527、MH63 聚为一类，抗旱性中等；IR64 聚为一类，抗旱性最弱。IR64 为国际公认的水分敏感品种；而 Bala、R17739-1 具有一定抗旱性；Ⅱ-32B、MH63、蜀恢 527 为杂交水稻的骨干亲本。对比实际结果，采用多梯度多性状 AUC 积（MG_MT_AUC_MUL）、多梯度多性状 AUC 对数（MG_MT_AUC_LOG）、多梯度多性状 AUC 隶属综合值（MG_MT_AUC_MFSV）3 种方法评价结果与材料实际抗旱性较为一致。可见，利用多梯度进行抗旱性综合评价，比单梯度效果要好，还可兼顾抗旱育种中产量构成因素和水分利用效率提高的要求。

采用多梯度干旱胁迫综合评价，应当保证精确的梯度控水，达到环境条件符合且可重复，材料间的抗旱性才能进行有效比较，这是评价结果准确的前提。水稻的抗旱性取决于遗传与环境之互作，其环境因素主要是土壤水分含量。但土壤水分含量具有动态变化与不确定性，往往造成抗旱性试验结果难以重演，且多次试验结果可能不一致。因此，土壤水分含量精确控制十分重要。

目前对土壤水分含量的监测已受到人们的重视（聂元元等，2012）。罗利军等（2011）认为，要想准确鉴定材料的节水抗旱性，必须建立科学的鉴定设施，最大限度地模拟大田生产实际，并进行有效的水分控制。胡继芳等（2011）在研究水稻种质资源抗旱性时，于返青至腊熟期将土壤体积含水量控制在30%至饱和含水量之间；郭贵华等（2014）在研究ABA缓解水稻孕穗期干旱胁迫生理特性时，在减数分裂期进行了土壤水分控制到田间持水量（75±5）%的控水处理；李松等（2013）在开花期以田间最大持水量的70%处理10d，研究干旱胁迫下不同水稻品种与水稻产量构成因子的关系；也有利用60%和70%饱和含水率作为各生育期内灌水下限，研究持续中度胁迫对水稻产量和WUE的影响（蔡亮，2010）。本文从实测结果来看，设计的4种量化控水处理，形成了4种具有极显著差异的水分梯度，并对参试材料的产量结构及WUE等性状产生了极显著影响。如何更精确地控制水分，进一步减轻甚至消除环境条件带来的差异，实现抗旱性评价结果更准确、统一，还有待深入研究。

6.1.2.2　引入品种区试数据进行抗旱性评价的探讨

农作物品种区域试验是在多环境条件下同时对某一组组合（品系）进行对比的试验（王洁等，2010）。通过区域试验可对同一组组合（品系）在不同生态区域、按统一的试验方案和技术规程对丰产性、稳产性、适应性、米质、抗性及其他重要特征特性进行鉴定，试验时间不少于两个生产周期。通过多年多点多环境因素下试验得出的数据，较为准确可靠。本研究试图引入品种区试的产量相关性状，作为抗旱性中的正常水分对照，探讨抗旱性评价的可行性。

结合本研究的正常水分、干旱胁迫下的性状数据，分别计算了正常水分、区试、干旱胁迫、干旱胁迫/正常水分、干旱胁迫/区试5种情况下隶属函数综合值和主成分综合值，并与产量抗旱系数和产量抗旱指数进行了相关性分析。结果表明，干旱胁迫/正常水分和干旱胁迫/区试间的产量抗旱系数、产量抗旱指数、隶属函数综合值间呈极显著正相关，分别达到了

0.970**、0.994** 和 0.926**，二者对品种的评价结果基本一致，说明本研究中引入品种区试数据对品种抗旱性进行评价是可行的。正常水分或区试下的隶属函数综合值和主成分综合值与其他评价指标虽有显著关系，但是偏相关系数均小于 0.75，说明不设置干旱处理，仅采用区试、正常水分下的性状值进行评价，效果较差。单一干旱胁迫下的隶属函数综合值（MFSVd）与干旱胁迫/正常水分的综合值（MFSVd/w、PCASVd/w）、干旱胁迫/区试的综合值（PCASVd/vrt、PCASVd/vrt）均达极显著正相关，相关系数分别为 0.894**、0.950**、0.850**、0.817**，表明单一干旱胁迫下进行抗旱性评价也有一定可行性，但未能排除品种遗传因素对抗旱性的影响。

利用区试数据进行抗旱性评价，目前还没有看到这方面的报道。本研究结果初步表明，以区试性状代替正常水分处理具备可行性，这在实践中有重大意义，使得抗旱性鉴定工作量可以减少一半，大幅节省时间，更有利于大批量、高效化开展抗旱性鉴定。但由于试验数据还不够丰富，这个结论还有待进一步研究、完善。下一步，可以通过联合试验开展多年多点的研究，在广泛验证的基础上探讨此方法的适用性，以确保抗旱性评价结果更为准确。同时，在品种审定多长时间内方可引入品种区试数据进行抗旱性评价也尚需进一步研究。

6.1.3　关于水稻不同生育时期抗旱性的关系

不同作物的抗旱性不同（周广生，2006），而且同一作物在不同生育时期的抗旱性也不同（孙彩霞等，2002；王贺正等，2009；邓先能等，2009）。其原因可能在于一种作物的抗旱性是由多种抗旱机制共同作用的结果，作物在不同生长发育阶段对干旱胁迫的反应或者抗旱机制也可能不一样。如果仅用某一时期的抗旱性来评价，有时会得出相反的结果（王贺正等，2004）。因此，要全面评价作物的抗旱性必须综合考虑不同时期的抗旱性。

6.1.3.1　川香 29B NIILs 芽期、苗期和全生育抗旱性的关系

本研究结果表明，对同一套川香 29B NIILs 材料，在芽期进行干旱胁迫，应用隶属函数法进行综合评价，有 4 份 NIILs 比对照（川香 29B）抗旱性更强，有 1 份 NIILs 弱于对照。其中，5819 抗旱性最强（MFSV>2.50），5818、5820、5817 抗旱性次之（2.50>MFSV>1.50），5821 抗旱性最弱（MFSV<1.50）。在苗期进行反复干旱调查反复干旱存活率（SRRD），聚类分析显示 5817、5820 抗旱性较强（SRRD>80%），5818、川香 29B 抗旱性

中等（80%>SRRD>75%），5820、5819 抗旱性较弱（SRRD<75%）。在全生育期干旱处理下，5818、5819 在产量及光合速率、穗部性状、谷粒性状上表现更优异，抗旱性最强；根据隶属函数综合值，其抗旱性大小排列为5819>5818>5817>5821>5820>川香 29B。

对比不同时期评价结果，其中，芽期和全生育期干旱胁迫下抗旱性筛选结果基本一致，均以 5818、5819 抗旱性最强，川香 29B 较弱，但与苗期筛选结果差异较大。相关分析表明，不同时期抗旱性指标的隶属函数综合值相关性均不显著（芽期与苗期 $r = -0.5576$；芽期与全生育期 $r = 0.7605$；苗期与全生育期 $r = -0.5445$），表明川香 29B NIILs 在不同时期的抗旱性并不完全一致。

6.1.3.2　水稻主推品种分蘖期和穗分化期抗旱性的关系

对 30 个杂交中稻主推品种在分蘖期、穗分化期分别进行干旱胁迫。结果显示，根据隶属函数综合值（MFSV），没有一个品种抗旱性排序完全一样；根据产量抗旱指数（YDI），只有 2 个品种的排序一样，即 G 优 802（Rank = 22）、川作 6 优 177（Rank = 24）。

抗旱性排列前 10 位的品种中，根据隶属函数综合值（MFSV），分蘖期有内香 2550、内香 2128、内 5 优 5399、宜香 4245、内 2 优 6 号、川香3203、冈香 707、内 5 优 317、蓉 18 优 188 和宜香优 7366；穗分化期有宜香1108、乐丰优 329、内香 8156、内 5 优 317、川作 6 优 177、川谷优 202、内香优 18 号、蓉 18 优 188、宜香 2079、绵香 576，其中只有内 5 优 317、蓉18 优 188 两个品种在分蘖期和穗分化期均进入前 10，吻合度仅 20%；根据产量抗旱指数（YDI），内 5 优 5399、蓉 18 优 188 进入前 10，吻合度也只有 20%。

抗旱性排列前 15 位的品种中，根据隶属函数综合值，内香 8156、D 优6511、内 5 优 5399、内 2 优 6 号、内香 2128、川香 3203、内香 2550、宜香4245 这 8 个品种在分蘖期和穗分化期均进入前 15 位，吻合度为 53.3%；根据产量抗旱指数，内 5 优 5399、蓉 18 优 188、川谷优 202、川香优 727、宜香 1108 这 5 个品种在分蘖期和穗分化期均进入前 15 位，吻合度为 33.3%。

相关分析表明，分蘖期和穗分化期的隶属函数综合值相关性不显著（$r = -0.187$）；产量抗旱指数之间的相关性很低（$r = 0.021$），说明了水稻主推品种不同时期的抗旱性表现有差别。

本研究结果还表明，川香 29B NIILs 苗期与芽期、全生育期的抗旱性甚至成负相关，主推品种在分蘖期和穗分化期的隶属函数综合值之间也呈负相关，这可能是水稻在不同生育时期启动的抗旱机制不一样所致，因此，对同一材料或品种不同生育时期的抗旱机制值得深入解析。

综上所述，水稻同一材料或品种在不同生育时期的抗旱性并不完全一致，这给综合评价水稻材料或品种的抗旱性增加了难度。研究认为，全生育期鉴定考察了水稻从移栽返青到中期发育，最后到产量形成的诸多性状（管永升等，2007），可能比单一时期鉴定更加科学、准确；水稻是以收获产量为目的，抗旱性最终体现在产量性状上，应当用产量相关性状进行抗旱性评价（邓先能等，2009）。本研究认为，在实际应用中，可以根据当地的气候等生态条件，预测干旱可能发生的时期，然后选择相应时期抗旱较强的品种，这可能是目前对不同时期抗旱性机制差异尚不清楚下的一个较好策略。但是，如何根据各个时期的抗旱性表现进行综合评价仍需要进一步研究。

6.2 结论

6.2.1 筛选抗旱性鉴定指标并初步建立鉴定指标体系

根据多材料、多时期、多指标的综合分析以及以往的研究结果，初步提出水稻不同时期抗旱性鉴定的三级指标体系：①芽期，储藏物质转化率可作为一级指标；芽长、最长根长、芽干重、萌发抗旱系数、活力指数、发芽指数以及隶属函数综合值（MFSV）可作为二级指标；可溶性蛋白质含量、POD、β-淀粉酶等生理指标可作为三级指标。②苗期，反复干旱存活率可作为一级指标；根表面积、根粗以及隶属函数综合值（MFSV）可作为二级指标；可溶性糖、POD、CAT、ABA 含量等生理指标可作为三级指标。③分蘖期和穗分化期，产量抗旱指数可作为一级指标；产量、粒叶比可作为二级指标；复水前发根力等生理指标可作为三级指标。④全生育期，产量抗旱指数可作为一级指标；产量、结实率、穗实粒数、穗实粒重、穗总粒重、收获指数以及隶属函数综合值（MFSV）可作为二级指标；净光合速率和水分利用效率等生理指标可作为三级指标。

6.2.2 多梯度抗旱性综合评价方法明显优于单梯度评价方法

对水稻抗旱性进行评价，单一胁迫梯度鉴定易造成抗旱性信息丢失，未能全面准确反映抗旱性。而采用多梯度多性状评价，包含更多的抗旱响应信息，评价结果更准确。结果显示，用单梯度指标对材料进行抗旱性评价，其评价结果很不一致；采用多梯度多性状 AUC 积（MG_MT_AUC_MUL）、多梯度多性状 AUC 对数（MG_MT_AUC_LOG）、多梯度多性状 AUC 隶属综合值（MG_MT_AUC_MFSV）等复合指标进行材料抗旱性评价，R17739-1、Bala 抗旱性较强，而 IR64 抗旱性最弱，为干旱敏感型材料。结合文献报道及近年来的实际研究结果，前述复合指标对 6 份参试材料抗旱性评价与实际较为一致，评价效果更好，还可兼顾抗旱育种中产量构成性状选择和水分利用效率提高的要求。

6.2.3 引入区试数据抗旱性评价方法具备可行性

对水稻进行抗旱性评价，一般设置干旱胁迫处理，以观察干旱胁迫对其产生的影响，同时，为排除品种遗传因素带来的差异，以水旱环境的性状相对值进行抗旱性评价更为科学。本研究引入了品种区试数据，对比干旱胁迫/正常水分和干旱胁迫/区试，相关性分析显示二者的产量抗旱系数、产量抗旱指数、隶属综合值间的相关系数分别为 0.970^{**}、0.994^{**} 和 0.926^{**}，均达极显著正相关。表明设置适宜的干旱胁迫，并以区试数据为对照，以产量抗旱系数、产量抗旱指数、隶属综合值进行品种抗旱性评价具备可行性，评价结果较为准确，可大幅减少工作量。但其适用性和重复性等方面，还有待进一步研究，可采用多年多点联合试验进行广泛验证、完善，以明确此新方法的可靠性。

6.2.4 水稻育种材料（品种）抗旱性筛选

抗旱品种的培育、利用和布局是水稻节水抗旱最经济最有效的措施。本研究通过干旱胁迫试验筛选出抗旱性强的水稻材料或品种，可供育种和生产应用。①川香 29B NIILs 以优质籼稻保持系川香 29B 为轮回亲本，从全球水稻分子育种计划的核心种质中选择 110 个材料作供体亲本，通过杂交、连续回交和自交而创制的育种材料，经过抗旱性、耐低磷和病虫害抗性初选后用来进行量化抗旱性鉴定。在芽期，5819 和 5818 表现出较强的抗性；在苗期，5817 和 5821 抗性较强；在全生育干旱条件下，5818 和 5819 的产量抗旱指数明显高于其他材料。以全生育期干旱鉴定的产量抗旱指数以及芽期、苗期、全生育期的隶属函数综合值进行综合聚类分析，5818 和 5819 的抗旱性较强，可以作为抗旱性育种材料，通过回交转育成不育系，在改善稻米品质的基础上加以利用。②在水稻亲本材料上，运用本研究提出的多梯度抗旱性评价方法，选用多梯度多性状 AUC 积（MG_MT_AUC_MUL）、多梯度多性状 AUC 对数（MG_MT_AUC_LOG）、多梯度多性状 AUC 隶属函数综合值（MG_MT_AUC_MFSV）3 种评价效果较好的复合指标对杂交亲本进行综合聚类分析，抗旱恢复系 R17739-1、Bala 和杂交水稻的骨干亲本 II-32B 抗性较强；在配制组合的时候，可以选择性的加以利用。③在杂交稻组合上，运用产量抗旱指数、隶属函数综合值进行聚类和综合分析，结果显示，沪旱 7A/成旱恢 30241、沪旱 7A/成恢 177、沪旱 7A/成旱恢 30248、沪旱 7A/Z4R（Si）、沪旱 7A/成旱恢 30218、沪旱 7A/成旱恢 31708 的抗旱性较强，其中沪旱 7A/成旱恢 31708 参加了上海市节水抗旱稻绿色通道试验，该组合兼具抗旱与高产，表现良好。④在主推品种上，芽期通过 PEG 模拟干旱胁迫运用储藏物质转化率、分级系数和隶属函数综合值筛选出抗旱性较强的品种有川优 6203、冈优 99、内 6 优 138、德香 4923 等；在分蘖期干旱鉴定中，运用隶属函数综合值进行聚类分析，内香 2550、内香 2128、内 5 优 5399、宜香 4245、内 2 优 6 号的抗旱性较强；在穗分化期干旱处理下，运用隶属函数综合值进行聚类分析，宜香 1108、乐丰优 329、内香 8156、内 5 优 317、川作 6 优 177 综合得分排名靠前；运用盆栽全生育期干旱胁迫下的干旱胁迫/正常水分产量抗旱指数（YDId/w）和干旱胁迫/区试产量抗旱指数（YDId/vrt），筛选出抗旱性强的品种有川香 9838、川农优 527、德香 4103、辐优 6688、川香优 425 等。结合这些鉴定结果，在生产上可进行抗旱品种布局，根据当地生态条件有针对性地使用这些品种。

6.2.5 建立水稻不同时期的抗旱性预测模型

抗旱性预测能够大大减少抗旱性鉴定的工作量。本研究通过多指标的测定并通过逐步回归分析建立了多个时期的抗旱性预测方程，在应用时可以测定少数几个进入预测方程的指标来评价水稻材料或品种的抗旱性。芽期预测指标主要包括芽长、根芽比等形态指标，活力指数、发芽势、储藏物质转运率、剩余种子干重等生长发育指标，MDA、α-淀粉酶活性、β-淀粉酶活性、CTK 等生理指标；苗期包括总根长、根表面积、根粗等形态指标，还原型谷胱甘肽、POD、ABA、GA、CTK、ETH、可溶性糖等生理指标；分蘖期和穗分化期主要包括产量、穗总粒数、有效穗、结实率、千粒重等产量相关指标；全生育期预测指标包括有效穗、穗总粒数、穗实粒数、千粒重、经济产量、生物产量和收获指数等。总体看，以综合指标作因变量进行预测的相对误差小于以储藏物质转化率、幼苗反复干旱存活率、产量抗旱指数等单一指标的预测，但是综合指标预测包含的测定指标较多。应用 20 个水稻主推品种全生育期盆栽干旱胁迫试验预测方程 $Y_{\text{WGS-YDId/w}} = -1.74 - 0.99X_5 + 1.58X_6 + 1.63X_{14} + 0.97X_{15}$（式中，$Y_{\text{WGS-YDId/w}}$ 为全生育期干旱胁迫与正常水分的产量抗旱指数；X_5、X_6、X_{14}、X_{15} 分别为穗总粒数、穗实粒数、生物产量和收获指数的相对值）对川香 29B NIILs 的抗旱性进行预测验证。结果表明，在有效干旱胁迫（中度）下，预测值与实测值显著正相关（$r = 0.946^{**}$），完全吻合度达到 66.7% ~ 100%，预测显示，NL2（5818）、NL3（5819）的抗旱性高于其他材料，与抗旱鉴定结果一致，预测效果较好。

6.3 创新点

第一，抗旱性鉴定材料具有多样性。前人研究多采用某一类材料，主要是对在生产上推广和即将推广的品种或组合进行的。本研究选用育种材料、水稻亲本、杂交稻组合和主推品种等系列材料，为抗旱性鉴定指标体系的科学和准确建立提供广泛的材料支撑，增加抗旱性鉴定指标的适用性，克服以单一材料为研究对象所导致的局限性。同时，开展的优异水稻资源和亲本的抗旱性鉴定，为育种早期利用抗性基因和有目的的培育抗性品种具有重要意义，这比从主推品种中鉴选抗旱品种更为必要。

第二，抗旱鉴定时期具有全面性。前人多针对某一生育时期进行抗旱性鉴定，时期较为单一。本研究进行了芽期、苗期、分蘖期和穗分化期及全生育期抗旱性鉴定，这有利于分析不同生育时期间抗旱性的关系，并以此构建不同生育时期抗旱鉴定指标体系。

第三，首次初步建立了水稻不同生育时期的抗旱性鉴定三级指标体系。目前，前人还没有系统提出水稻的抗旱性鉴定指标体系。本研究在明确抗旱性鉴定指标在不同干旱胁迫下的水分效应和生理生化机制的基础上，通过同一材料不同时期和同一时期不同材料之间的比较，筛选出了适宜各生育阶段的抗旱鉴定指标（包括形态结构、生长发育、生理生化、产量等），初步建立了抗旱性鉴定三级指标体系。此外，提出以储藏物质转化率作为芽期抗旱性鉴定一级指标，其效果优于通常采用的萌发抗旱系数；首次提出了分级系数评价指标，该指标具有客观性和通用性；改进了抗旱指数，拓展了内涵和外延，可以适用所有指标和所有干旱胁迫梯度。

第四，抗旱性评价方法创新。前人多采用单梯度干旱胁迫进行抗旱性评价，其结果往往具有片面性；本研究以反映水分综合效应的多梯度下性状抗旱指数与横坐标所构成的曲线下面积（AUC）进行综合评价，其评价结果与实际相符，解决了单梯度最适胁迫程度不易确定的难题。在抗旱性评价中，一般要设置正常水分和干旱胁迫处理，本研究率先引入品种区试数据当作抗旱性鉴定中正常水分的值，其结果与常规抗旱性鉴定方法基本一致，可成倍降低工作量。

6.4 展望

水稻是我国重要的粮食作物，也是农业用水量最大的作物。发展水稻节水抗旱对保障粮食安全和农业可持续发展有着重要意义。选育和利用抗旱品种是水稻节水抗旱最有效、最经济的重要措施，抗旱性鉴定与评价则是其根本前提。因此，如何精准、简便鉴定水稻的抗旱性显得尤为重要。本研究通过多种材料、多个生育时期、多种试验环境、多种指标的较为系统研究，筛选抗旱性鉴定指标，初步建立不同时期抗旱性鉴定三级指标体系，提出新的抗旱性评价方法，鉴选不同水稻材料的抗旱性。但是，还有许多方面需要进一步研究。

第一，本研究通过多种分析方法筛选了有效的指标，但是由于抗旱性的复杂性，有些指标与抗旱性的关系还不明确，如芽期的种子萌发抗旱系数、产量抗旱系数，特别是一些生理生化指标，这需要进一步研究；初步提出的抗旱性鉴定指标体系也需要进一步完善。

第二，提出的多梯度干旱胁迫综合评价方法与大家公认的产量抗旱指数高度相关，能够较好地评价水稻材料的抗旱性，但是梯度胁迫的幅度、有些复合指标的生物学意义需要进一步研究；引入区试数据的评价方法也需要广泛验证。

第三，本研究对多个生育时期水稻抗旱性进行了比较，有的时期抗旱性表现一致，有的则差异很大，因此，不同时期水稻抗旱性的关系还需要深入研究；同时，本研究选用了育种材料、水稻亲本、杂交稻组合和主推品种作为供试材料，不同类型材料的抗旱性关系还不明确，下一步选用亲缘关系明确的四类材料进行抗旱性鉴定，以探明各类材料抗旱性的关系和抗旱性的遗传。

第四，本研究既有实验室芽期的高渗溶液法和苗期的反复干旱法，也有水分精确控制的盆栽试验，还有大田试验，从各个试验抗旱性鉴定指标的干旱胁迫效应来看，表现异常复杂。因此，有必要加强抗旱性鉴定的分子生物学方法研究与应用，该方法可以克服环境影响，准确、快速和高效，应用前景良好。同时，由于育种者的育种中间材料很多，一般多达数千份，要进行定量鉴定难度较大，因此如何开展基于分子技术的抗旱性鉴定值得深入研究。

第五，本研究对不同水稻材料（品种）的抗旱性进行了评价和鉴选，抗旱性强的育种材料直接为相关育种课题利用，但抗旱品种生产布局利用还值得下一步研究，在水稻品种审定中增加抗旱性鉴定也值得重视。

参考文献

安永平，强爱玲，张媛媛，等，2006. 渗透胁迫下水稻种子萌发特性及抗旱性鉴定指标研究 [J]. 植物遗传资源学报，7（4）：421-426.

柏彦超，钱晓晴，沈淮东，等，2009. 不同水、氮条件对水稻苗生长及伤流液的影响 [J]. 植物营养与肥料学报，15（1）：76-81.

卞金龙，蒋玉兰，刘艳阳，等，2017. 干湿交替灌溉对抗旱性不同水稻品种产量的影响及其生理原因分析 [J]. 中国水稻科学，31（4）：379-390.

蔡昆争，吴学祝，骆世明，等，2008. 抽穗期不同程度水分胁迫对水稻产量和根叶渗透调节物质的影响 [J]. 生态学报，28（12）：6148-6158.

蔡亮，2010. 持续中度水分胁迫对水稻耗水量和产量的影响 [J]. 节水灌溉（10）：29-31.

蔡易，邹德堂，刘化龙，等，2012. 不同灌溉方式对寒地粳稻抗旱生理性状的影响 [J]. 农业现代化研究，33（5）：622-627.

蔡一霞，朱庆森，王志琴，等，2002. 结实期土壤水分对稻米品质的影响 [J]. 作物学报，28（5）：601-608.

蔡一霞，朱庆森，徐伟，等，2004. 结实期水分胁迫对水稻强、弱势粒主要米质性状及淀粉粘滞谱特征的影响 [J]. 作物学报，30（3）：241-247.

蔡一霞，王维，朱智伟，等，2006a. 结实期水分胁迫对不同氮肥水平下水稻产量及其品质的影响 [J]. 应用生态学报，17（7）：1201-1206.

蔡一霞，王维，朱智伟，等，2006b. 结实期水分胁迫对水稻反义 Wx 基因转化系主要米质性状及米饭质地的影响 [J]. 作物学报，32（4）：475-478.

曹兴，万瑜，胡双全，等，2013. 干旱条件下吐鲁番盆地相对湿润指数变化特征分析 [J]. 沙漠与绿洲气象，79（6）：42-49.

陈东东，栗晓玮，张玉芳，等，2017. 四川省水稻关键生育期不同等级干旱评估研究 [J]. 西南师范大学学报（自然科学版），42（10）：69-77.

陈凤梅, 程建峰, 潘晓云, 等, 2000. 籼稻抗旱性状的筛选及其育种应用 [J]. 江西农业大学学报, 22 (2): 169-173.

陈凤梅, 程建峰, 潘晓云, 等, 2001. 杂交稻抗旱性状的筛选研究 [J]. 杂交水稻, 16 (4): 51-54.

陈洪斌, 2017. 我国省际农业用水效率测评与空间溢出效应研究 [J]. 干旱区资源与环境, 31 (2): 85-90.

陈立松, 刘星辉, 1997. 作物抗旱鉴定指标的种类及其综合评价 [J]. 福建农业大学学报, 26 (1): 48-55.

陈伟, 蔡昆争, 陈基宁, 2012. 硅和干旱胁迫对水稻叶片光合特性和矿质养分吸收的影响 [J]. 生态学报, 32 (8): 321-329.

陈小荣, 刘灵燕, 严崇虎, 等, 2013. 抽穗期干旱复水对不同产量早稻品种结实及一些生理指标的影响 [J]. 中国水稻科学, 27 (1): 77-83.

陈晓远, 凌木生, 高志红, 2006. 水分胁迫对水稻叶片可溶性糖和游离脯氨酸含量的影响 [J]. 河南农业科学 (12): 26-30.

陈展宇, 2008. 旱稻抗旱解剖结构及其生理特性的研究 [D]. 长春: 吉林农业大学.

承泓良, 张治伟, 刘桂玲, 等, 1987. 灰色关联度在棉花育种上的应用 [J]. 江苏农业科学 (12): 7-9, 27.

程建峰, 潘晓云, 刘宜柏, 等, 2005. 水稻抗旱性鉴定的形态指标 [J]. 生态学报, 25 (11): 3117-3125.

程建峰, 何冬发, 刘宜柏, 等, 2007. 杂交稻新组合产量及其抗旱性的鉴定与评价 [J]. 安徽农学通报, 13 (1): 66-69.

褚旭东, 李仕贵, 王志, 等, 2006. 不同干旱胁迫条件下水稻品种的抗旱性比较研究 [J]. 中国稻米 (5): 9-11.

戴高兴, 彭克勤, 邓国富, 等, 2008. 聚乙二醇模拟干旱对耐低钾水稻幼苗光合特性的影响 [J]. 中国水稻科学, 22 (1): 99-102.

邓先能, 周家武, 徐鹏, 等, 2009. 水陆稻不同生育期干旱适应性研究 [J]. 西南大学学报 (自然科学版), 31 (2): 97-102.

邓忠, 翟国亮, 吕谋超, 等, 2016. 我国农业应对干旱灾害的技术研究现状及展望 [J]. 节水灌溉 (8): 162-165.

丁成伟, 刘超, 王健康, 等, 1999. 水稻品种生态适应性的综合评价 [J]. 生态农业研究, 7 (1): 62-65.

丁雷，李英瑞，李勇，等，2014. 梯度干旱胁迫对水稻叶片光合和水分状况的影响 [J]. 中国水稻科学，28（1）：65-70.

段素梅，杨安中，黄义德，等，2014. 干旱胁迫对水稻生长、生理特性和产量的影响 [J]. 核农学报，28（6）：1124-1132.

段素梅，杨安中，黄义德，2017. 分蘖期干旱处理时间对水稻产量和生理指标的影响 [J]. 中国稻米，23（1）：36-42.

范晓荣，沈其荣，2003. ABA、IAA 对旱作水稻叶片气孔的调节作用 [J]. 中国农业科学，36（12）：1450-1455.

符冠富，陶龙兴，宋健，等，2011. 花期干旱胁迫对籼稻近等基因系育性的影响 [J]. 中国水稻科学，25（6）：613-620.

付立东，王东阁，徐久升，等，2006. 水分胁迫对滨海盐碱地水稻发育的影响 [J]. 沈阳农业大学学报，37（4）：560-564.

付学琴，贺浩华，罗向东，等，2011. 东乡野生稻渗入系苗期抗旱遗传及生理机制初步分析 [J]. 江西农业大学学报，33（5）：845-850.

付学琴，贺浩华，文飘，等，2012. 东乡野生稻 BIL 群体孕穗期抗旱性综合评价 [J]. 核农学报，26（3）：573-580.

高吉寅，胡荣海，路漳，等，1984. 水稻等品种苗期抗旱生理指标的探讨 [J]. 中国农业科学，17（4）：41-45.

龚明，1989. 作物抗旱性鉴定方法与指标及其综合评价 [J]. 云南农业大学学报，4（1）：73-81.

管永升，石岩，2007. 旱稻抗旱性鉴定的常用方法及其进展 [J]. 耕作与栽培（2）：42-44.

郭贵华，刘海艳，李刚华，等，2014. ABA 缓解水稻孕穗期干旱胁迫生理特性的分析 [J]. 中国农业科学，47（22）：4380-4391.

郭相平，张烈君，王琴，等，2006. 拔节孕穗期水分胁迫对水稻生理特性的影响 [J]. 干旱地区农业研究，24（2）：125-129.

侯建华，吕凤山，1995. 玉米苗期抗旱性鉴定研究 [J]. 华北农学报，10（3）：89-93.

胡标林，李名迪，万勇，等，2005. 我国水稻抗旱性鉴定方法与指标研究进展 [J]. 江西农业学报，17（2）：56-60.

胡标林，余守武，万勇，等，2007. 东乡普通野生稻全生育期抗旱性鉴定 [J]. 作物学报，33（3）：425-432.

胡标林，扬平，万勇，等，2013. 东乡野生稻 BILs 群体苗期抗旱性综合评价及其遗传分析［J］. 植物遗传资源学报，14（2）：249-256.

胡标林，李刚华，王绍华，等，2015. 不同生育阶段干旱胁迫对杂交稻产量的影响［J］. 南京农业大学学报，38（2）：173-181.

胡继芳，刘传增，马波，等，2011. 耐旱水稻种质资源的筛选初探［J］. 北方水稻，41（2）：14-16，20.

胡荣海，1986. 农作物抗旱鉴定方法和指标［J］. 中国种业（4）：36-39.

黄文江，王纪华，赵春江，等，2002. 旱作水稻幼穗发育期若干生理特性及节水机理的研究［J］. 作物学报，28（3）：411-416.

黄志勇，郭长佐，费跃，1995. 用关联分析法评价棉花区试品种［J］. 中国棉花，22（11）：19-20.

姜孝成，周广洽，1997. 开花灌浆期干旱胁迫对水、旱稻细胞膜透性和产量性状的影响［J］. 作物研究，2（3）：4-6.

姜雪，2015. 水稻苗期耐旱性基因位点的发掘［D］. 武汉：华中农业大学：15-22.

江学海，李刚华，王绍华，等，2015. 不同生育阶段干旱胁迫对杂交稻产量的影响［J］. 南京农业大学学报，38（2）：173-181.

蒋明义，郭绍川，1996. 渗透胁迫下稻苗中铁催化的膜脂过氧化作用［J］. 植物生理学报，22（1）：6-12.

敬礼恒，2013a. 水稻早期抗旱性的鉴定与苗期生理基础的研究［D］. 长沙：湖南农业大学.

敬礼恒，刘利成，梅坤，等，2013b. 水稻抗旱性鉴定方法及评价指标研究进展［J］. 中国农学通报，29（12）：1-5.

敬礼恒，陈光辉，刘利成，等，2014. 水稻种子萌发期的抗旱性鉴定指标研究［J］. 杂交水稻，29（3）：65-69.

康海岐，吕世华，高方远，等，2011. 水、旱稻产量相关性状的水分生态效应分析［J］. 中国农业科学，44（18）：3790-3804.

寇姝燕，邓剑川，杨旭，等，2012. 我国水稻抗旱性主要指标及抗旱性鉴定方法研究进展［J］. 安徽农业科学，40（17）：9244-9246.

来长凯，张文银，贺奇，等，2015. 宁夏水稻抗旱性鉴定指标的筛选研究［J］. 种子，34（8）：27-32.

兰巨生，胡福顺，1990. 作物抗旱指数的概念和统计方法［J］. 华北农学报，5（2）：20-25.

兰巨生, 1998. 农作物综合抗旱性评价方法的研究 [J]. 西北农业学报, 7 (3): 85-87.

黎裕, 1993. 作物抗旱性鉴定方法与指标 [J]. 干旱地区农业研究, 11 (1): 91-99.

李长明, 刘保国, 任昌福, 1993. 水稻抗旱机理研究 [J]. 西南农业大学学报, 15 (5): 410-412.

李成业, 熊昌明, 魏仙君, 2006. 中国水稻抗旱研究进展 [J]. 作物研究 (5): 426-429, 434.

李德全, 邹琦, 程炳嵩, 1991. 植物渗透调节研究进展 [J]. 山东农业大学报, 22 (1): 86-90.

李冠, 石雪梅, 冉雪琴, 等, 1990. 陆稻抗旱性与某些生理生化特性的关系 [J]. 新疆大学学报, 7 (1): 65-67.

李贵全, 张海燕, 季兰, 等, 2006. 不同大豆品种抗旱性综合评价 [J]. 应用生态学报, 17 (12): 2408-2412.

李松, 张玉屏, 朱德峰, 等, 2013. 不同水稻品种花期耐旱性评价 [J]. 干旱地区农业研究, 31 (3): 39-47, 154.

李晚忱, 付凤玲, 袁佐清, 2001. 玉米苗期耐旱性鉴定方法研究 [J]. 西南农业学报, 14 (3): 29-32.

李旭, 付立东, 王宇, 等, 2017. 不同时期水分胁迫对水稻生长发育和产量的影响 [J]. 江苏农业科学, 45 (7): 70-73.

李艳, 马均, 王贺正, 等, 2005. 水稻品种苗期抗旱性鉴定指标筛选及其综合评价 [J]. 西南农业学报, 18 (3): 250-255.

李艳, 2006. 水稻品种苗期抗旱性及鉴定指标筛选的研究 [D]. 雅安: 四川农业大学.

李玥, 2015. 全球半干旱气候变化的观测研究 [D]. 兰州: 兰州大学.

林关石, 1984. 谷子品种的抗旱性观察 [J]. 陕西农业科学 (4): 17-19.

刘维俊, 徐立新, 何美丹, 等, 2014. 干旱胁迫下山栏稻与栽培水稻品种苗期表型性状及生理差异 [J]. 热带生物学报, 5 (3): 260-264.

刘学义, 1985. 作物抗旱鉴定方法评述 [J]. 经济作物科技 (1): 136-144.

刘学义, 张小虎, 1993. 黄淮海地区大豆种质资源抗旱性鉴定及其研究 [J]. 山西农业科学, 21 (1): 19-24.

刘琰琰，张玉芳，王明田，等，2016. 四川盆地水稻不同生育期干旱频率的空间分布特征 [J]. 中国农业气象，37（2）：238-244.

刘永巍，田红刚，李春光，等，2015. 水稻抗旱研究进展 [J]. 北方水稻，45（2）：76-80.

卢从明，张其德，匡廷云，等，1994. 水分胁迫抑制水稻光合作用的机理 [J]. 作物学报，20（5）：601-606.

卢少云，郭振飞，彭新湘，等，1997. 干旱条件下水稻幼苗的保护酶活性及其与耐旱性关系 [J]. 华南农业大学学报，18（4）：21-25.

卢向阳，澎丽莎，唐湘如，1997. 早稻旱育秧形态、组织结构和生理特性 [J]. 作物学报，23（2）：42-47.

罗怀良，2003. 四川水资源可持续利用与水质保护研究 [J]. 四川环境，22（3）：38-41.

罗利军，张启发，2001. 栽培稻抗旱性研究的现状与策略 [J]. 中国水稻科学，15（3）：209-214.

罗利军，梅捍卫，余新桥，等，2011. 节水抗旱稻及其发展策略 [J]. 科学通报，56（11）：804-811.

马欣，吴绍洪，李玉娥，等，2012. 未来气候变化对我国南方水稻主产区季节性干旱的影响评估 [J]. 地理学报，67（11）：1451-1460.

马一泓，王术，于佳禾，等，2016. 水稻生长对干旱胁迫的响应及抗旱性研究进展 [J]. 种子，35（7）：45-49.

梅德勇，王士梅，朱启升，等，2016. 水稻抗旱性遗传生理机制及育种研究进展 [J]. 安徽农学通报，22（22）：10-14.

孟雷，李磊鑫，陈温福，等，1999. 水分胁迫对水稻叶片气孔密度、大小及净光合速率的影响 [J]. 沈阳农业大学学报，30（5）：477-480.

孟宪梅，黄义德，李栾松，等，2003. 水稻若干生理指标与品种抗旱性关系的研究 [J]. 安徽农业大学学报，30（1）：15-22.

明道绪，2006. 高级生物统计 [M]. 北京：中国农业出版社.

聂元元，邹桂花，李瑶，等，2012. 水稻第 2 染色体上抗旱相关性状 QTL 的精细定位 [J]. 作物学报，38（6）：988-995.

牛同旭，郑桂萍，吕艳东，等，2018. 寒地水稻种质资源芽期抗旱性筛选与评价 [J]. 黑龙江农业科学（1）：1-10.

庞艳梅，陈超，马振峰，2015. 未来气候变化对四川省水稻生育期气候资源及生产潜力的影响 [J]. 西北农林科技大学学报（自然科学版），43（1）：66-76.

钱正安，宋敏红，吴统文，等，2017. 世界干旱气候研究动态及进展综述（Ⅱ）：主要研究进展 [J]. 高原气象，36（6）：1457-1476.

邱才飞，袁照年，彭春瑞，等，2011. 利用灰色关联度分析法评价盆栽甘薯品种（系）观赏性研究 [J]. 江西农业学报，23（3）：56-59.

邱福林，张伟平，2000. 水分胁迫对水稻生长影响的研究进展 [J]. 垦殖与稻作（2）：7-8.

舒烈波，2010. 水稻叶片响应干旱和渗透胁迫的蛋白质组学研究 [D]. 武汉：华中农业大学.

宋俊乔，2010. 水稻叶片形态、解剖结构与抗旱性的关系研究 [D]. 武汉：华中农业大学.

宋先松，石培基，金蓉，2005. 中国水资源空间分布不均引发的供需矛盾分析 [J]. 干旱区研究，22（2）：162-166.

孙彩霞，2001. 玉米抗旱性鉴定指标体系及抗旱鉴定指标遗传特性的研究 [D]. 沈阳：沈阳农业大学.

孙彩霞，沈秀瑛，2002. 作物抗旱性鉴定指标及数量分析方法的研究进展 [J]. 中国农学通报，18（1）：49-51.

孙彩霞，武志杰，张振平，等，2004. 玉米抗旱性评价指标的系统分析 [J]. 农业系统科学与综合研究，20（1）：43-46.

孙骏威，杨勇，黄宗安，等，2004. 聚乙二醇诱导水分胁迫引起水稻光合下降的原因探讨 [J]. 中国水稻科学，18（6）：539-543.

汤章城，1983. 植物干旱生态生理的研究 [J]. 生态学报，3（3）：14-22.

唐启义，唐睿，2017. DPS 数据处理系统 [M]. 北京：科学出版社.

陶龙兴，符冠富，宋建，等，2009. 我国水稻常用保持系穗期耐旱性测评及育性分析 [J]. 作物学报，35（12）：2296-2303.

田露，2016. 水稻幼苗对高浓度 CO_2 和水分胁迫的生理响应研究 [D]. 沈阳：沈阳师范大学.

田山君，杨世民，孔凡磊，等，2014. 西南地区玉米苗期抗旱品种筛选 [J]. 草业学报，23（1）：50-57.

田霞，2010. 水稻叶片生理生化性状与品种抗旱性的关系研究 [D]. 武汉：华中农业大学.

田又升，谢宗铭，王志军，等，2014. 水稻种子芽期抗旱性与产量抗旱

系数关系分析 [J]. 作物杂志 (5)：148-153.

田又升，谢宗铭，吴向东，等，2015. 水稻种质资源萌发期抗旱性综合鉴定 [J]. 干旱地区农业研究，33 (4)：173-180.

田治国，王飞，张文娥，等，2011. 多元统计分析方法在万寿菊品种抗旱性评价中的应用 [J]. 应用生态学报，22 (12)：3315-3320.

万东石，李红玉，张立新，等，2003. 植物体内干旱信号的传递与基因表达 [J]. 西北植物学报，23 (1)：151-157.

王成瑷，王伯伦，张文香，等，2006. 土壤水分胁迫对水稻产量和品质的影响 [J]. 作物学报，32 (1)：131-137.

王成瑷，王伯伦，张文香，等，2007. 不同生育时期干旱胁迫对水稻产量与碾米品质的影响 [J]. 中国水稻科学，21 (6)：643-649.

王成瑷，王伯伦，张文香，等，2008. 干旱胁迫时期对水稻产量及产量性状的影响 [J]. 中国农学通报，24 (2)：160-166.

王成瑷，赵磊，王伯伦，等，2014. 干旱胁迫对水稻生育性状与生理指标的影响 [J]. 农学学报，4 (1)：4-14.

王贺正，马均，李旭毅，等，2004. 水稻种质芽期抗旱性和抗旱性鉴定指标的筛选研究 [J]. 西南农业学报，17 (5)：594-599.

王贺正，马均，李旭毅，2006. 水分胁迫对水稻结实期一些生理性状的影响 [J]. 作物学报，32 (12)：1892-1897.

王贺正，马均，李旭毅，等，2007a. 水稻开花期一些生理生化特性与品种抗旱性的关系 [J]. 中国农业科学，40 (2)：399-404.

王贺正，李艳，马均，等，2007b. 水稻苗期抗旱性指标的筛选 [J]. 作物学报，33 (9)：1523-1529.

王贺正，2007c. 水稻抗旱性研究及其鉴定指标的筛选 [D]. 雅安：四川农业大学.

王贺正，马均，李旭毅，等，2009. 水稻苗期生理生化特性与品种抗旱性的关系 [J]. 华北农学报，24 (4)：174-178.

王洁，廖琴，胡小军，等，2010. 北方稻区国家水稻品种区域试验精确度分析 [J]. 作物学报，36 (11)：1870-1876.

王利民，刘佳，邓辉，等，2008. 我国农业干旱遥感监测的现状与展望 [J]. 中国农业资源与区划，29 (6)：4-8.

王丽媛，丁国华，黎莉，2010. 脯氨酸代谢的研究进展 [J]. 哈尔滨师范大学自然科学学报，26 (2)：84-89.

汪妮娜，黄敏，陈德威，等，2013. 不同生育期水分胁迫对水稻根系生长及产量的影响 [J]. 热带作物学报，34（9）：1650-1656.

王秋菊，李明贤，王贵森，2012a. 黑龙江省水稻品种芽期抗旱性及形态指标筛选研究 [J]. 江西农业大学学报，34（4）：641-645.

王秋菊，2012b. 水分胁迫对寒地水稻种质芽期生理指标的影响 [J]. 黑龙江农业科学（4）：28-31.

王天行，张泽，1992. 多元生物统计学 [M]. 成都：成都科技大学出版社.

王万里，1986. 植物对水分胁迫的反应 [M]. 北京：科学出版社.

王文龙，2014. 新编植物生理学实验指导 [M]. 北京：新华出版社.

王西琴，吴若然，李兆捷，等，2016. 我国农业用水安全的分区及发展对策 [J]. 中国生态农业学报，24（10）：1428-1434.

王秀萍，客绍英，鲁雪林，等，2006. 抗旱水稻品种的筛选及综合评价 [J]. 中国农学通报，22（8）：242-245.

王秀珍，李红云，凌祖铭，1991. 水、陆稻苗期淀粉酶活性与抗旱性的关系 [J]. 北京农业大学学报，17（2）：37-41.

王瑷，盛连喜，李科，等，2008. 中国水资源现状分析与可持续发展对策研究 [J]. 水资源与水工程学报，19（3）：10-14.

王志琴，杨建昌，朱庆森，等，1998. 水分胁迫下外源多胺对水稻叶片光合速率与籽粒充实的影响 [J]. 中国水稻科学，12（3）：185-188.

韦朝领，袁家明，2000. 植物抗逆境的分子生物学研究进展 [J]. 安徽农大学报，27（2）：204-208.

武建军，耿广坡，周洪奎，等，2017. 全球农业旱灾脆弱性及其空间分布特征 [J]. 中国科学：地球科学，47（6）：733-744.

武维华，2008. 植物生理学（第2版）[M]. 北京：科学出版社.

夏扬，秦江涛，朱晓军，2009. 不同有机物添加方式下水稻对干旱胁迫的响应 [J]. 土壤，41（1）：118-125.

肖俊青，世荣，苏振喜，2016. 转入抗旱主效基因水稻苗期抗旱特性鉴定 [J]. 分子植物育种，14（7）：1827-1834.

谢建坤，胡标林，万勇，等，2010. 东乡普通野生稻与栽培稻苗期抗旱性的比较 [J]. 生态学报，30（6）：1665-1674.

熊放，2016. 水稻抗旱导入系的构建与亲本材料的干旱胁迫表达谱分析 [D]. 武汉：华中农业大学.

熊正英，张志勤，王致远，等，1995. POD 活性与水稻抗旱性的关系 [J]. 陕西师大学报（自然科学版），23（4）：63-66.

熊正英，张志勤，王致远，等，1996. 水分胁迫对全生育期水、旱稻 SOD 活性的影响及其与抗旱性的关系 [J]. 陕西师范大学学报（自然科学版），24（3）：75-78.

徐芬芬，叶利民，2015. 水稻幼苗对干旱和高温交叉逆境的适应机制研究 [J]. 杂交水稻，30（5）：70-73.

徐富贤，郑家奎，朱永川，等，2003. 杂交中稻发根力与抽穗开花期抗旱性关系的研究 [J]. 作物学报，29（2）：188-193.

徐富贤，蒋鹏，张林，等，2017. 杂交中稻分蘖期干旱对产量的影响及其缓解技术研究 [J]. 中国稻米，23（6）：57-59.

徐建欣，杨洁，胡祥伟，等，2015. 云南陆稻芽期抗旱性鉴定指标筛选及其综合评价 [J]. 西南农业学报，28（4）：1455-1464.

薛慧勤，甘信民，顾淑媛，等，1997. 花生种子萌发特性和抗旱性关系的高渗溶液法 [J]. 中国油料，19（3）：30-33.

杨博，南昊，2016. 我国水资源现状及其安全对策研究 [J]. 太原学院学报（自然科学版），34（1）：9-12.

杨波，田露，王兰兰，2014. 脱落酸调节植物气孔运动机制的研究进展 [J]. 安徽农业科学，42（25）：8483-8485.

杨瑰丽，杨美娜，黄翠红，等，2015a. 水稻幼穗分化期的抗旱性研究与综合评价 [J]. 华北农学报，30（6）：140-145.

杨瑰丽，杨美娜，李帅良，等，2015b. 水稻萌芽期抗旱指标筛选与抗旱性综合评价 [J]. 华南农业大学学报，36（2）：1-5.

杨建昌，朱庆森，乔纳圣·威尔斯，等，1995a. 水分胁迫对水稻叶片气孔频率、气孔导度及脱落酸含量的影响 [J]. 作物学报，21（5）：533-539.

杨建昌，王志琴，朱庆森，1995b. 水稻在不同土壤水分状况下脯氨酸的累积与抗旱性的关系 [J]. 中国水稻科学，9（2）：92-96.

杨建昌，王志琴，朱庆森，1995c. 水稻品种的抗旱性及其生理特性的研究 [J]. 中国农业科学，28（5）：65-72.

杨建昌，王志琴，刘立军，2002. 旱种水稻生育特性与产量形成的研究 [J]. 作物学报，28（1）：11-17.

杨建昌，张亚洁，张建华，等，2004. 水分胁迫下水稻剑叶中多胺含量的变化及其与抗旱性的关系 [J]. 作物学报, 30 (11): 1069-1075.

杨奇勇, 冯发林, 巢礼义, 2007. 多目标决策的农业抗旱能力综合评价 [J]. 灾害学, 22 (2): 5-8.

叶盛, 牟晨, 隋鹏飞, 等, 2011. 水稻花期干旱胁迫应答基因 Os07g0422100 启动子的克隆及鉴定 [J]. 复旦学报 (自然科学版), 50 (5): 605-610.

尹晗, 李耀辉, 2013. 我国西南干旱研究最新进展综述 [J]. 干旱气象, 31 (1): 182-193.

尹上岗, 马志飞, 黄萍, 等, 2017. 中国水资源利用的时空分布格局探究 [J]. 华中师范大学学报 (自然科学版), 51 (6): 841-848.

于美芳, 王新鹏, 段云轩, 等, 2017. 分蘖期干旱胁迫对寒地粳稻光合特性及产量形成的影响 [J]. 核农学报, 31 (9): 1794-1802.

于艳敏, 武洪涛, 张书利, 等, 2015. 水稻品种苗期抗旱性筛选与评价 [J]. 中国农学通报, 31 (3): 23-28.

袁志伟, 孙小妹, 2012. 作物抗旱性鉴定指标及评价方法研究进展 [J]. 甘肃农业科技 (11): 36-39.

张安宁, 王飞名, 余新桥, 等, 2008. 基于土壤水分梯度鉴定法的栽培稻抗旱标识品种筛选 [J]. 作物学报, 34 (11): 2026-2032.

张建平, 刘宗元, 何永坤, 等, 2015. 西南地区水稻干旱时空分布特征 [J]. 应用生态学报, 26 (10): 3103-3110.

张宪政, 1992. 作物生理研究法 [M]. 北京: 农业出版社.

张小丽, 刘敏, 商奇, 等, 2011. 水稻叶片中活性甲基循环、转移相关基因对干旱胁迫的应答 [J]. 中国水稻科学, 25 (3): 236-242.

张燕之, 周毓珩, 邹吉承, 等, 1986. 水稻抗旱性鉴定方法与指标研究 I. 生理生化方法鉴定稻的抗旱性与水分胁迫下产量关系 [J]. 辽宁农业科学 (1): 10-13.

张燕之, 1994. 水稻抗旱性鉴定方法与指标探讨 [J]. 辽宁农业科学 (5): 46-50.

张燕之, 周毓珩, 曾祥宽, 等, 2002. 不同类型稻抗旱性鉴定指标研究 [J]. 沈阳农业大学学报, 33 (2): 90-93.

张玉屏, 朱德峰, 2005. 不同时期水分胁迫对水稻生长特性和产量形成的影响 [J]. 干旱地区农业研究, 23 (2): 48-53.

张振文, 陈丽珍, 郑永清, 等, 2008. 玉米芽期抗旱性研究初报 [J].

安徽农业科学，36（27）：11642-11644.

张振宗，李淑华，1994. 运用关联分析法评价我省大麦联试新品种
　　[J]. 大麦科学（2）：36-37.

赵宏伟，王新鹏，于美芳，等，2016. 分蘖期干旱胁迫及复水对水稻抗
　　氧化系统及脯氨酸影响 [J]. 东北农业大学学报，47（2）：1-7.

郑成本，黄东益，莫饶，等，2000. "热大99W" 序列旱稻新品系农艺
　　特性与抗旱性的研究 [J]. 热带作物学报，21（4）：52-57.

郑传举，李松，2017. 开花期水分胁迫对水稻生长及稻米品质的影响
　　[J]. 中国稻米，23（1）：43-45.

郑家国，任光俊，陆贤军，等，2003. 水稻花后水分亏缺对水稻产量和
　　品质的影响 [J]. 中国水稻科学，17（3）：239-243.

郑丕尧，杨孔平，王经武，等，1996. 水陆稻在水田、旱地栽培的生态
　　适应性研究Ⅱ. 稻株碳氮代谢的生态适应性观察 [J]. 中国水稻科
　　学，4（2）：69-74.

钟娟，傅志强，2015. 不同晚稻品种抗旱性相关指标研究 [J]. 作物研
　　究，29（6）：575-580，602.

周广生，2006. 水稻抗旱性早期鉴定指标筛选与节水机理的研究 [D].
　　武汉：华中农业大学.

周立国，2010. 水稻水分胁迫相关基因克隆及功能验证 [D]. 武汉：华
　　中农业大学.

周小梅，赵运林，李小湘，2012. 渗透胁迫对水稻芽期抗旱性的影响
　　[J]. 农业现代化研究，33（2）：245-248.

朱杭申，黄王生，1994. 土壤水分胁迫与水稻活性氧代谢 [J]. 南京农
　　业大学学报，17（2）：7-11.

BARNABÁS B，JÄGER K，FEHÉR A，2008. The effect of drought and
　　heat stress on reproductive processes in cereals [J]. Plant, Cell & Envi-
　　ronment, 31（1）：11-38.

BLUM A, 2005. Drought resistance, water‐use efficiency and yield
　　potential‐are they compatible, dissonant, or mutually exclusive? [J].
　　Australian Journal of Agricultural Research, 56（11）：1159-1168.

BOUMAN B A M, PENG S, CASTAŇEDA A R, et al., 2004. Yield and
　　water use of irrigated tropical aerobic rice systems [J]. Agricultural Water
　　Management, 74（2）：87-105.

BOUSLAMA M, SCHAPAUGH W T, 1984. Stress tolerance in soybeans. I. Evaluation of three screening techniques for heat and drought tolerance [J]. Crop Science, 24 (5): 933-937.

BOYER J S, WESTGATE M E, 2004. Grain yields with limited water [J]. Journal of Experimental Botany, 55 (407): 2385-2394.

FAROOQ M, WAHID A, LEE D J, et al., 2009. Advances in drought resistance of rice [J]. Critical Reviews in Plant Sciences, 28 (4): 199-217.

FENG F J, XU X Y, DU X B, et al., 2012. Assessment of drought resistance among wild rice accessions using a protocol based on single – tiller propagation and PVC – tube cultivation [J]. Australian Journal of Crop Science, 6 (7): 1205-1211.

FISHER R A, MAURER R, 1978. Drought resistance in spring wheat cultivars. I grain yield respone [J]. Australian Journal of Agricultural Research (29): 897-912.

GOWDA V R P, HENRY A, YAMAUCHI A, et al., 2011. Root biology and genetic improvement for drought avoidance in rice [J]. Field Crops Research, 122 (1): 1-13.

HALL A E, 1976. Ecological studies [J]. Analysis and Syntheis (19): 76-83.

HIRAYAMA M, MEMOTO H, OKAMOTO K, 1997. Relationship between drought tolerance and vertical distribution of roots in upland rice cultivars [J]. Japanese Journal of Crop Science (66): 129-130.

TAO H B, BRUECK H, DITTERT K, et al., 2006. Growth and yield formation of rice (*Oryza sativa* L.) in the water – saving ground cover rice production system (GCRPS) [J]. Field Crops Research, 95 (1): 1-12.

HOU X, XIE K, YAO J, et al., 2009. A homolog of human ski–interacting protein in rice positively regulates cell viability and stress tolerance [J]. Proceedings of The National Academy of Sciences of The United States of America, 106 (15): 6410-6415.

HSIAO T C, 1970. Rapid changes is levels of poyribosomes in Zea mays inresponse to water tress [J]. Plant Physiology, 46 (2): 281-285.

HU H, YOU J, FANG Y, et al., 2008. Characterization of transcription factor gene SNAC2 conferring cold and salt tolerance in rice [J]. Plant Molecular Biology, 67 (1–2): 169–181.

JEONG J S, KIM Y S, BAEK K H, et al., 2010. Root–specific expression of OsNAC10 improves drought tolerance and grain yield in rice under field drought conditions [J]. Plant Physiology, 153 (1): 185–197.

LIU J X, BENNETTA J, 2011. Reversible and irreversible drought–induced changes in the anther proteome of rice (*Oryza sativa* L.) genotypes IR64 and Moroberekan [J]. Molecular Plant, 4 (1): 59–69.

KOJI Y, KOJI H, MICHIO K, et al., 2003. Bundle sheath chloroplasts of rice are more sensitive to drought stress than mesophyll chloroplasts [J]. Journal of Plant Physiology, 160 (11): 1319–1327.

LEGG B J, DAY W, LAWTOR D W, et al., 1979. The effect of drought on barley growth: models and measurements showing relative importance of leaf area and photosynthetic rate [J]. Journal of Agricultural Science (92): 703–716.

LEVITT J, 1972. Responses of plants to environmental stresses [M]. New York: Academic Press.

LILLEY J M, LUDLOW T J, MCCOUCHS R, et al., 1996. Locating QTL for osomtic adjustment and dehydration tolerance in rice [J]. Journal of Experimental Botany, 47 (302): 1427–1436.

LUO L J, 2010. Breeding for water – saving and drought – resistance rice (WDR) in China [J]. Journal of Experimental Botany, 61 (13): 3509–3517.

MOFFAT A S, 2002. Plant genetics. Finding new ways to protect drought – stricken plants [J]. Science, 296 (5571): 1226–1229.

PANTUWAN G, FUKAI S, COOPER M, et al., 2002. Yield response of rice (*Oryza sativa* L.) genotypes to different types of drought under rainfed lowlands – Part1. Grain yield and yield components [J]. Field Crops Research, 73 (2): 153–168.

PHILIPPE R, COURTOIS B, MCNALLY K L, et al., 2010. Structure, allelic diversity and selection of Asr genes, candidate for drought tolerance, in *Oryza sativa* L. and wild relatives [J]. Theoretical and Applied Genetics, 121 (4): 769-787.

PRICE A H, CAIRNS J E, HORTON P, et al., 2002a. Linking drought-resistance mechanisms to drought avoidance in upland rice using a QTL approach: progress and new opportunities to integrate stomaltal and mesophyll responses [J]. Journal of Experimental Botany, 53 (371): 989-1004.

PRICE A H, STEELE K A, MOORE B J, et al., 2002b. Upland rice grown in soil-filled chambers and exposed to contrasting water deficit regimes: Ⅱ. Mapping quantitative trait loci for root morphology and distribution [J]. Field Crops Research, 76: 25-43.

MUTHURAJAN R, SHOBBAR Z S, JAGADISH S V, et al., 2011. Physiological and proteomic responses of rice peduncles to drought stress [J]. Molecular Biotechnology, 48 (2): 173-182.

SALEKDEH G H, SIOPONGCO J, WADE L J, et al., 2002. Proteomics analysis of rice leaves during drought stress and recovery [J]. Proteomics, 2 (9): 1131-1145.

SIDDIQUE K H M, FAROOQ M, WAHID A, et al., 2009. Advances in drought resistance of rice [J]. Critical Reviews in Plant Sciences, 28 (4): 199-217.

WANG W S, PAN Y J, ZHAO X Q, et al., 2011. Drought-induced site-specific DNA methylation and its association with drought tolerance in rice (Oryza sativa L.) [J]. Journal of Experimental Botany, 62 (6): 1951-1960.

YANG J, ZHANG J, WANG Z, et al., 2001. Hormonal changes in the grains of rice subjected to water stress during grain filling [J]. Plant Physiology, 127 (1): 315-323.

YANG S, VANDERBELD B, WAN J, et al., 2010. Narrowing down the targets: towards successful genetic engineering of drought-tolerant crops [J]. Molecular Plant, 3 (3): 469-490.

ZHANG Q F, 2007. Strategies for developing Green Super Rice [J]. Proceedings of The National Academy of Sciences of The United States of America, 104 (42): 16402-16409.

附表

附表 1　川香 29B NILs 芽期 20% PEG 处理下各性状相对值和分级系数

Attached table 1　Relative value of each character and grading coefficient of Chuanxiang 29B NIILs under 20% PEG

材料代号 Material code	发芽势 GP	发芽率 GR	萌发抗旱系数 GIDC	最长根长 MRL	剩余种子干重 RSDW	根系活力 RA	可溶性蛋白质 SPC	超氧化物歧化酶 SOD	过氧化物酶 POD	丙二醛 MDA	生长素 IAA	脱落酸 ABA	细胞分裂素 CTK	赤霉素 GA	乙烯 ETH	分级值和 UM of GV	分级系数 GC	排序 Rank
NL1	0.98 (4)	0.98 (4)	0.96 (2)	0.62 (2)	0.88 (2)	0.45 (2)	0.85 (2)	7.39 (1)	2.04 (1)	2.05 (4)	0.96 (1)	1.42 (4)	0.97 (1)	0.41 (3)	2.39 (3)	36	2.78	3
NL2	1.00 (2)	0.99 (3)	0.78 (4)	0.51 (3)	0.94 (2)	0.36 (3)	0.90 (2)	2.72 (2)	1.75 (2)	1.45 (1)	0.91 (4)	1.30 (3)	0.92 (4)	0.33 (4)	2.55 (4)	43	2.33	6
NL3	0.98 (4)	0.99 (3)	0.92 (2)	0.78 (1)	0.76 (1)	0.43 (2)	1.19 (2)	1.60 (3)	1.57 (2)	1.70 (2)	0.93 (3)	1.15 (2)	0.95 (3)	0.48 (1)	1.90 (2)	33	3.03	2
NL4	0.99 (3)	0.99 (3)	0.96 (3)	0.54 (3)	0.97 (3)	0.55 (1)	1.15 (2)	2.49 (2)	1.83 (2)	1.56 (2)	0.95 (2)	1.09 (1)	0.95 (2)	0.45 (2)	1.90 (2)	32	3.13	1
NL5	1.00 (2)	1.00 (1)	0.95 (2)	0.60 (2)	1.10 (4)	0.37 (3)	4.56 (4)	0.05 (3)	0.97 (4)	1.62 (2)	0.92 (3)	1.40 (4)	0.93 (3)	0.35 (3)	1.87 (2)	42	2.38	5
NL6	1.00 (1)	1.00 (1)	0.90 (3)	0.45 (4)	1.11 (4)	0.33 (4)	2.93 (3)	0.12 (3)	1.14 (3)	1.83 (3)	0.96 (1)	1.21 (2)	0.97 (1)	0.47 (2)	2.14 (3)	38	2.63	4

注：括号内数字表示各指标分级值，下同。

Note: Number in the brackets means Grading value. The same as following table.

附表 2　主推品种芽期干旱下各性状相对值和分级系数

Attached table 2　Relative value of each character and grading coefficient of main popularized rice varieties under germination-stage drought stress

品种号 Variety code	发芽势 GP	发芽率 GR	发芽指数 BI	活力指数 VI	胚芽鞘数 GI	芽长 BL	最长根长 MRL	根数 RN	芽干重 BDW	根干重 RSDW	剩余种子干重 ISR	根苗比 RSR	储藏物质转化率 SMCR	储藏物质含量 SRWC	超氧化物歧化酶 SOD	过氧化物酶 POD	过氧化氢酶 CAT	丙二醛 MDA	α-淀粉酶 α-AA	总淀粉酶 T-AA	β-淀粉酶 β-AA	可溶性糖 SSu	脯氨酸 Pro	分级系数 GC	排序 Rank
HY399	1.00 (1)	1.00 (2)	0.94 (2)	0.73 (2)	0.97 (2)	0.77 (2)	0.82 (2)	0.66 (4)	0.71 (2)	0.6 (3)	1.42 (3)	0.83 (2)	0.59 (3)	0.85 (2)	0.61 (1)	1.54 (2)	1.55 (3)	1.16 (1)	0.67 (3)	1.27 (3)	1.63 (3)	1.81 (4)	1.26 (2)	0.551	7
CY6203	0.97 (2)	0.99 (2)	0.95 (2)	0.69 (3)	0.95 (2)	0.81 (2)	0.59 (3)	0.75 (2)	0.82 (1)	0.83 (2)	1.71 (4)	1.02 (2)	0.67 (2)	0.88 (1)	0.59 (2)	1.30 (2)	1.72 (2)	1.30 (2)	1.48 (2)	2.29 (1)	2.71 (2)	1.68 (3)	0.79 (2)	0.667	3

（续表）

品种代号 Variety code	发芽势 CP	发芽率 GR	发芽指数 BI	活力指数 VI	简约指数 GI	芽长 BL	最长根长 MRL	根数 RN	芽干重 BDW	根干重 RDW	剩余种子干重 RSDW	根芽比 RSR	储藏物质转化率 SMCR	硝态相对含水量 SIRWC	超氧化物歧化酶 SOD	过氧化物酶 POD	过氧化氢酶 CAT	丙二醛 MDA	α-淀粉酶 α-AA	总淀粉酶 T-AA	β-淀粉酶 β-AA	可溶性糖 SSu	脯氨酸 Pro	分级系数 CC	排序 Rank
HY523	0.97 (2)	1.00 (2)	0.95 (2)	0.56 (3)	0.94 (2)	0.69 (3)	0.43 (4)	0.69 (3)	0.70 (2)	0.66 (3)	1.21 (1)	0.93 (1)	0.65 (2)	0.83 (3)	0.59 (2)	1.38 (3)	1.45 (3)	1.17 (3)	0.52 (3)	1.32 (3)	1.59 (3)	1.10 (3)	1.34 (3)	0.522	9
CXY6H	0.97 (2)	0.99 (2)	1.07 (1)	0.78 (2)	1.05 (1)	0.74 (3)	0.70 (3)	0.89 (1)	0.75 (2)	0.62 (3)	1.20 (1)	0.83 (2)	0.65 (2)	0.82 (3)	0.99 (2)	1.90 (1)	1.44 (3)	1.41 (4)	0.72 (3)	1.11 (3)	1.21 (3)	1.18 (2)	0.99 (2)	0.609	5
CT3727	0.97 (2)	1.00 (2)	0.98 (2)	0.70 (2)	0.96 (2)	0.81 (2)	0.55 (4)	0.72 (3)	0.83 (1)	0.59 (3)	1.32 (2)	0.72 (1)	0.66 (2)	0.86 (2)	0.57 (2)	1.4 (3)	1.68 (2)	1.29 (2)	0.62 (2)	0.93 (4)	1.03 (4)	1.75 (4)	1.34 (2)	0.522	9
CYS108	0.91 (3)	0.97 (2)	0.86 (3)	0.67 (3)	0.91 (2)	0.75 (3)	0.83 (3)	0.79 (2)	0.68 (3)	0.81 (3)	1.54 (3)	1.18 (3)	0.62 (2)	0.85 (2)	0.54 (3)	1.26 (4)	1.45 (3)	1.20 (1)	0.84 (2)	1.64 (2)	2.05 (2)	1.04 (1)	1.74 (3)	0.522	9
HX7021	0.98 (2)	1.00 (2)	0.96 (2)	0.71 (2)	0.95 (2)	0.76 (3)	0.73 (4)	0.68 (4)	0.78 (2)	0.58 (3)	1.37 (2)	0.75 (1)	0.62 (3)	0.86 (2)	0.62 (1)	1.43 (3)	1.34 (4)	1.32 (2)	0.51 (3)	0.92 (4)	1.05 (4)	1.54 (3)	2.17 (3)	0.464	15
CY900	0.9 (3)	0.97 (2)	0.87 (3)	0.76 (2)	0.91 (2)	0.87 (1)	0.89 (2)	0.84 (1)	0.68 (3)	0.80 (2)	1.77 (4)	1.18 (4)	0.63 (3)	0.88 (1)	0.49 (4)	1.33 (3)	1.52 (3)	1.41 (3)	0.92 (2)	1.68 (2)	2.05 (2)	1.46 (3)	1.57 (3)	0.522	9
GY99	0.97 (2)	0.98 (2)	0.90 (2)	0.9 (1)	0.91 (3)	0.91 (1)	1.18 (1)	0.77 (2)	0.93 (1)	1.08 (1)	1.45 (3)	1.16 (3)	0.78 (1)	0.84 (2)	0.55 (3)	1.38 (3)	1.48 (3)	1.25 (2)	1.17 (3)	2.19 (1)	2.68 (1)	1.24 (2)	1.02 (2)	0.710	1
FYY188	0.99 (2)	0.89 (2)	0.82 (2)	0.92 (2)	0.82 (2)	1.11 (1)	0.85 (1)	0.66 (3)	0.74 (2)	1.40 (2)		1.11 (1)	0.61 (2)	0.85 (2)	0.52 (3)	1.28 (4)	1.81 (1)	1.16 (1)	1.04 (2)	1.31 (3)	1.4 (3)	1.59 (3)	1.17 (2)	0.594	6
N6Y138	0.99 (2)	1.01 (2)	0.97 (2)	0.92 (1)	0.98 (2)	0.83 (2)	1.22 (1)	0.80 (2)	0.77 (2)	0.74 (2)	1.30 (2)	0.96 (2)	0.70 (1)	0.86 (2)	0.56 (2)	1.32 (3)	1.58 (3)	1.17 (1)	0.53 (3)	1.17 (3)	1.46 (4)	1.08 (2)	1.00 (1)	0.652	4
YX907	0.74 (4)	0.83 (4)	0.73 (4)	0.41 (4)	0.73 (4)	0.56 (4)	0.55 (4)	0.75 (3)	0.52 (4)	0.56 (4)	1.65 (4)	1.07 (3)	0.44 (4)	0.75 (4)	0.48 (4)	1.33 (4)	1.47 (3)	1.38 (3)	0.61 (3)	1.29 (3)	1.46 (3)	2.09 (4)	2.55 (4)	0.116	20
YX2079	0.87 (3)	0.96 (3)	0.80 (3)	0.60 (3)	0.83 (3)	0.65 (4)	0.92 (2)	0.72 (3)	0.56 (4)	0.70 (3)	1.39 (2)	1.25 (4)	0.57 (3)	0.84 (2)	0.52 (3)	1.80 (1)	1.55 (3)	1.48 (3)	0.41 (4)	1.09 (4)	1.41 (3)	1.48 (3)	1.16 (2)	0.362	17
YX2115	0.87 (3)	0.94 (3)	0.82 (3)	0.66 (3)	0.84 (3)	0.75 (3)	0.89 (2)	0.71 (3)	0.57 (4)	0.88 (1)	1.35 (4)	1.55 (4)	0.61 (3)	0.84 (2)	0.47 (4)	1.57 (2)	1.49 (3)	1.30 (2)	0.82 (2)	1.24 (3)	1.37 (3)	1.56 (3)	0.94 (2)	0.420	16
YX3724	0.71 (4)	0.76 (4)	0.66 (4)	0.48 (4)	0.69 (4)	0.71 (3)	0.77 (3)	0.67 (4)	0.56 (4)	0.52 (4)	1.26 (2)	0.92 (2)	0.52 (4)	0.82 (3)	0.54 (3)	1.73 (1)	1.72 (2)	1.34 (2)	0.65 (3)	1.09 (3)	1.17 (4)	0.99 (1)	2.90 (4)	0.290	19
NX8514	0.94 (2)	0.91 (3)	0.92 (2)	0.67 (3)	0.90 (3)	0.68 (3)	0.80 (3)	0.74 (3)	0.69 (3)	0.70 (3)	1.33 (3)	1.03 (3)	0.63 (3)	0.85 (2)	0.58 (2)	1.52 (2)	1.61 (3)	1.50 (3)	0.84 (2)	1.41 (2)	1.51 (3)	0.79 (1)	0.73 (1)	0.556	8
DX4923	0.95 (2)	0.97 (2)	1.07 (1)	1.02 (1)	1.15 (1)	0.88 (1)	1.20 (1)	0.74 (3)	0.75 (2)	0.65 (3)	1.21 (1)	0.87 (1)	0.66 (2)	0.88 (1)	0.57 (2)	1.61 (2)	1.68 (2)	1.45 (3)	0.64 (3)	1.36 (3)	1.56 (3)	1.24 (2)	1.02 (2)	0.681	2
LY137	0.87 (3)	0.95 (3)	0.88 (3)	0.54 (4)	0.89 (3)	0.65 (4)	0.52 (4)	0.74 (3)	0.67 (3)	0.56 (3)	1.60 (4)	0.84 (2)	0.52 (4)	0.79 (4)	0.55 (3)	1.56 (2)	1.82 (1)	1.62 (4)	0.66 (3)	1.60 (2)	1.86 (2)	1.21 (2)	3.42 (4)	0.319	18
CX308	0.92 (2)	1.00 (2)	0.80 (3)	0.55 (3)	0.82 (3)	0.76 (3)	0.56 (4)	0.76 (2)	0.60 (3)	0.84 (3)	1.38 (4)	1.38 (4)	0.64 (2)	0.82 (3)	0.60 (1)	1.39 (3)	1.99 (1)	1.61 (4)	1.36 (1)	1.83 (1)	2.06 (2)	1.65 (3)	1.26 (2)	0.507	13
RIY908	0.87 (3)	0.99 (2)	0.86 (3)	0.72 (2)	0.84 (3)	0.80 (2)	0.91 (2)	0.72 (3)	0.69 (3)	0.56 (3)	1.21 (1)	0.82 (2)	0.62 (3)	0.83 (3)	0.50 (3)	1.41 (3)	1.99 (1)	1.64 (4)	0.88 (3)	1.46 (3)	1.83 (3)	1.27 (3)	1.60 (3)	0.493	14

附表 3　水稻主推品种芽期干旱各指标隶属值、隶属函数综合值及抗旱性排名

Attached table 3　Membership function value, MFSV and drought resistance rank of main popularized rice varieties under germination-stage drought stress

品种代号 Variety code	发芽势 GP	发芽率 GR	发芽指数 BI	活力指数 VI	剪发指数 GI	芽长 BL	最长根长 MRL	根数 RN	芽干重 BDW	根干重 RDW	剩余种子干重 RSDW	根芽比 RSR	储藏物质转化率 SMCR	幼苗相对含水量 SRWC	超氧化物歧化酶 SOD	过氧化物酶 POD	过氧化氢酶 CAT	丙二醛 MDA	α-淀粉酶 α-AA	总淀粉酶 T-AA	β-淀粉酶 β-AA	可溶性糖 SSu	脯氨酸 Pro	隶属综合值 MFSV	排序 Rank
HY399	1.00	0.97	0.69	0.54	0.61	0.60	0.49	0.00	0.46	0.14	0.61	0.87	0.45	0.75	0.95	0.44	0.32	0.99	0.24	0.26	0.36	0.21	0.80	0.513	12
CY6203	0.91	0.95	0.71	0.47	0.57	0.73	0.19	0.42	0.73	0.56	0.10	0.64	0.67	0.94	0.83	0.38	0.58	0.70	1.00	1.00	1.00	0.32	0.98	0.693	2
HY523	0.91	0.97	0.72	0.26	0.54	0.37	0.00	0.16	0.44	0.25	0.99	0.75	0.63	0.58	0.82	0.19	0.17	0.98	0.10	0.30	0.33	0.76	0.77	0.470	13
CXY6H	0.88	0.95	1.00	0.60	0.80	0.52	0.34	1.00	0.57	0.18	1.00	0.87	0.63	0.57	0.83	1.00	0.15	0.48	0.29	0.14	0.11	0.70	0.90	0.570	6
CY3727	0.88	0.97	0.78	0.49	0.59	0.73	0.15	0.27	0.76	0.13	0.79	1.00	0.66	0.85	0.67	0.22	0.52	0.72	0.20	0.00	0.00	0.26	0.77	0.462	14
CY5108	0.68	0.87	0.49	0.43	0.48	0.56	0.50	0.57	0.39	0.53	0.40	0.44	0.55	0.77	0.49	0.00	0.17	0.91	0.40	0.53	0.61	0.81	0.63	0.526	11
HX7021	0.93	0.97	0.73	0.50	0.56	0.57	0.37	0.11	0.64	0.11	0.69	0.97	0.52	0.84	1.00	0.27	0.00	0.66	0.10	0.00	0.01	0.42	0.47	0.411	16
GY900	0.65	0.86	0.51	0.57	0.49	0.88	0.57	0.80	0.40	0.50	0.00	0.44	0.55	1.00	0.15	0.12	0.28	0.47	0.48	0.56	0.61	0.49	0.69	0.526	8
GY99	0.91	0.89	0.58	0.82	0.48	1.00	0.95	0.48	1.00	1.00	0.57	0.47	1.00	0.70	0.52	0.19	0.22	0.80	0.71	0.93	0.98	0.65	0.89	0.774	1
FYY188	0.98	0.97	0.58	0.68	0.51	0.74	0.86	0.82	0.34	0.39	0.65	0.52	0.50	0.78	0.35	0.04	0.72	1.00	0.59	0.28	0.22	0.38	0.83	0.579	5
N6Y138	0.95	1.00	0.76	0.85	0.64	0.79	1.00	0.61	0.61	0.39	0.82	0.71	0.77	0.85	0.60	0.10	0.36	0.98	0.11	0.18	0.25	0.78	0.90	0.618	4
YX907	0.11	0.28	0.18	0.00	0.09	0.00	0.15	0.39	0.00	0.07	0.21	0.58	0.00	0.00	0.08	0.12	0.20	0.55	0.19	0.27	0.26	0.00	0.32	0.194	20
YX2079	0.56	0.81	0.34	0.31	0.31	0.25	0.62	0.29	0.10	0.32	0.66	0.37	0.40	0.70	0.32	0.84	0.31	0.34	0.00	0.12	0.23	0.47	0.84	0.403	17
YX2115	0.56	0.73	0.40	0.42	0.32	0.56	0.58	0.25	0.11	0.65	0.74	0.00	0.51	0.71	0.00	0.49	0.22	0.70	0.38	0.24	0.20	0.41	0.92	0.456	15
YX3724	0.00	0.00	0.00	0.12	0.00	0.44	0.43	0.06	0.10	0.00	0.00	0.76	0.24	0.56	0.45	0.73	0.58	0.61	0.22	0.12	0.08	0.85	0.20	0.309	19
NX8514	0.78	0.62	0.64	0.43	0.47	0.35	0.47	0.35	0.40	0.33	0.89	0.63	0.58	0.74	0.76	0.41	0.41	0.29	0.41	0.36	0.29	1.00	0.90	0.557	7
DX4923	0.84	0.87	1.00	0.87	1.00	0.92	0.98	0.37	0.56	0.22	0.98	0.82	0.66	0.99	0.66	0.56	0.52	0.39	0.21	0.32	0.32	0.66	0.89	0.651	3
LY137	0.56	0.76	0.54	0.21	0.45	0.27	0.11	0.38	0.36	0.08	0.30	0.86	0.24	0.32	0.54	0.47	0.73	0.04	0.23	0.49	0.49	0.68	0.00	0.346	18
CX308	0.72	0.97	0.35	0.23	0.29	0.57	0.16	0.45	0.20	0.57	0.53	0.20	0.60	0.51	0.85	0.21	1.00	0.06	0.88	0.66	0.61	0.34	0.80	0.526	10
RY908	0.55	0.92	0.49	0.52	0.34	0.70	0.60	0.28	0.41	0.08	0.98	0.88	0.53	0.59	0.17	0.24	1.00	0.00	0.44	0.40	0.48	0.63	0.68	0.526	9
权重 WC	0.02	0.02	0.03	0.05	0.03	0.03	0.07	0.02	0.04	0.05	0.05	0.05	0.03	0.01	0.02	0.03	0.03	0.03	0.09	0.07	0.07	0.06	0.12	—	—

附表4 水稻主推品种芽期干旱下各指标主成分析的特征向量及方差累计贡献率

Attached table 4　Eigenvectors and accumulated contribution rate of indices principal component analysis (PCA) of main popularized rice varieties under germination-stage drought stress

因子 Factors	发芽势 GP	发芽率 GR	发芽指数 BI	活力指数 VI	萌发指数 GI	芽长 BL	最长根长 MRL	根数 RN	芽干重 BDW	根干重 RDW	剩余种子干重 RSDW	根芽比 RSR	储藏物质转化率 SMCR	幼苗相对含水量 SRWC	超氧化物歧化酶 SOD	过氧化物酶 POD	过氧化氢酶 CAT	丙二醛 MDA	α-淀粉酶 α-AA	总淀粉酶 T-AA	β-淀粉酶 β-AA	可溶性糖 SSu	脯氨酸 Pro	特征值 Char-V	累计贡献率 ACR
CI (1)	0.310	0.275	0.274	0.308	0.281	0.291	0.171	0.127	0.287	0.189	-0.047	-0.027	0.322	0.268	0.142	-0.069	-0.033	-0.119	0.120	0.116	0.125	-0.061	-0.255	8.08	35.15
CI (2)	-0.092	-0.028	-0.225	-0.072	-0.198	0.072	0.016	0.123	-0.054	0.334	0.324	0.334	0.035	-0.042	-0.191	-0.189	0.137	0.066	0.375	0.391	0.377	0.096	-0.031	4.43	54.43
CI (3)	0.151	0.169	0.159	-0.199	0.090	-0.112	-0.481	-0.121	0.199	-0.172	0.196	-0.318	-0.040	-0.136	0.409	-0.065	0.168	0.152	0.174	0.204	0.191	0.171	0.167	2.21	64.02
CI (4)	-0.130	-0.080	0.006	-0.199	0.025	0.106	0.131	0.059	-0.026	-0.102	-0.274	-0.094	0.070	-0.003	-0.005	0.316	0.511	0.543	0.142	0.108	0.073	-0.376	0.019	1.79	71.81
CI (5)	-0.062	0.037	-0.011	0.224	0.041	0.287	0.245	0.120	0.079	-0.264	0.183	-0.311	-0.161	0.055	-0.303	-0.435	0.299	0.009	-0.056	-0.084	-0.054	0.258	0.319	1.25	77.23
CI (6)	0.140	0.308	0.183	0.005	0.182	-0.142	-0.093	0.428	-0.282	-0.050	0.069	0.230	-0.141	-0.087	-0.133	0.166	0.131	0.261	0.052	-0.160	-0.192	0.416	-0.266	1.21	82.49
CI (7)	-0.103	-0.135	0.173	0.068	0.203	-0.130	0.020	0.565	0.115	0.000	0.290	-0.133	-0.087	-0.169	-0.088	0.146	-0.389	0.065	-0.124	0.143	0.140	-0.321	0.255	1.08	87.20

附表5　水稻主推品种芽期干旱下主成分得分值、综合值及品种抗旱性排序

Attached table 5　Score value of principal components, PCASV and drought resistance rank of main popularized rice varieties under germination drought stress

品种代号 Variety code	主成分得分值 Score value of principal components							主成分隶属函数值 membership function value of principal components							主成分综合值 PCASV	排序 Rank
	Y1	Y2	Y3	Y4	Y5	Y6	Y7	μ1	μ2	μ3	μ4	μ5	μ6	μ7		
HY399	0.788	-1.717	1.206	-1.498	0.066	-0.135	-1.224	0.679	0.215	0.734	0.134	0.508	0.538	0.121	0.484	14
CY6203	2.757	3.194	2.688	-0.236	-0.632	-0.165	-0.098	0.854	0.968	1.000	0.390	0.297	0.532	0.411	0.776	1
HY523	0.063	-1.854	1.119	-1.300	-1.555	-0.849	-0.351	0.614	0.194	0.718	0.174	0.018	0.377	0.346	0.428	17

（续表）

品种代号 Variety code	主成分得分值 Score value of principal components							主成分隶属值 membership function value of principal components							主成分综合值 PCASV	排序 Rank
	Y1	Y2	Y3	Y4	Y5	Y6	Y7	μ1	μ2	μ3	μ4	μ5	μ6	μ7		
CXY6H	1.596	-2.933	0.223	0.977	-1.488	1.907	2.188	0.751	0.028	0.558	0.636	0.038	1.000	1.000	0.544	10
CY3727	1.082	-2.456	1.213	-0.813	1.061	0.225	-1.258	0.705	0.101	0.735	0.273	0.808	0.620	0.112	0.505	12
CY5108	0.493	1.537	-0.531	-1.184	-0.177	-0.909	1.057	0.652	0.714	0.422	0.198	0.434	0.363	0.709	0.572	8
HX7021	0.403	-3.117	1.118	-1.549	0.335	-0.666	-0.269	0.644	0.000	0.718	0.124	0.589	0.418	0.367	0.431	16
GY900	1.061	2.599	-0.846	-0.600	1.342	0.499	1.305	0.703	0.877	0.366	0.316	0.893	0.682	0.773	0.684	3
GY99	4.394	3.247	-0.717	-0.069	-0.473	-2.038	0.598	1.000	0.976	0.389	0.424	0.345	0.108	0.590	0.759	2
FYY188	1.561	0.772	-1.302	-0.525	1.698	1.276	-0.539	0.748	0.596	0.284	0.331	1.000	0.857	0.298	0.624	5
N6Y138	3.060	-1.358	-1.722	-0.374	0.860	-0.469	0.234	0.881	0.270	0.208	0.362	0.747	0.463	0.497	0.571	9
YX907	-6.831	1.245	0.244	-2.159	0.936	0.726	0.908	0.000	0.669	0.561	0.000	0.770	0.733	0.670	0.338	19
YX2079	-2.360	-0.517	-1.718	0.154	-1.335	1.191	-0.338	0.398	0.399	0.209	0.469	0.085	0.838	0.350	0.388	18
YX2115	-1.125	1.316	-2.882	-0.855	-1.220	0.869	-1.102	0.508	0.680	0.000	0.264	0.119	0.765	0.153	0.441	15
YX3724	-5.747	-0.865	-1.338	1.521	-0.148	-2.517	-0.344	0.097	0.345	0.277	0.746	0.443	0.000	0.348	0.259	20
NX8514	0.050	-0.573	-0.164	1.236	-1.616	-0.398	0.214	0.613	0.390	0.488	0.688	0.000	0.479	0.492	0.504	13
DX4923	3.317	-2.224	-0.923	1.796	0.823	0.221	0.163	0.904	0.137	0.352	0.802	0.736	0.619	0.479	0.614	6
LY137	-3.260	0.090	2.492	1.378	0.797	-0.067	1.618	0.318	0.492	0.965	0.717	0.728	0.554	0.853	0.532	11
CX308	-0.566	3.403	1.681	1.326	-0.935	1.340	-1.695	0.558	1.000	0.819	0.706	0.205	0.872	0.000	0.665	4
RY908	-0.734	0.212	0.160	2.775	1.662	-0.041	-1.067	0.543	0.511	0.546	1.000	0.989	0.560	0.162	0.585	7
权重 WC	—	—	—	—	—	—	—	0.403	0.221	0.110	0.089	0.062	0.060	0.054	—	—

附表6 干旱胁迫与本试验正常水分条件下水稻相关性状绝对值的偏相关性

Attached table 6 Partial correlation of rice related traits absolute value under normal water level and drought stress

指标 Index	净光合速率 NPR	株高 PH	有效穗 EP	穗长 PL	穗总粒数 TCP	穗实粒数 FCP	穗批粒数 UCP	结实率 SSR	穗实粒重 FGWP	千粒重 KGW	谷粒长 GL	谷粒宽 GW	谷粒长宽比 GL/W	生物产量 BY	收获指数 HI	经济产量 EY
净光合速率 NPR		0.399	0.348	0.088	-0.104	0.128	-0.267	0.414	0.307	0.418	-0.197	0.177	-0.256	0.448*	0.409	0.649**
株高 PH	0.266		0.134	0.506*	0.066	0.308	-0.204	0.416	0.314	0.124	-0.434	-0.285	-0.163	0.389	0.265	0.492*
有效穗 EP	0.201	0.015		-0.147	-0.600**	-0.668**	0.032	0.075	-0.523*	0.113	-0.067	-0.039	-0.025	0.393	-0.025	0.331
穗长 PL	0.166	0.627**	0.342		0.241	0.360	-0.024	0.131	0.437	0.288	0.221	-0.343	0.388	0.275	0.236	0.371
穗总粒数 TCP	0.128	0.326	-0.330	0.345		0.884**	0.635**	-0.548**	0.729**	-0.101	0.254	-0.231	0.357	0.174	0.112	0.215
穗实粒数 FCP	0.542*	0.521*	-0.202	0.442	0.787**		0.224	-0.094	0.888**	0.044	0.162	-0.140	0.230	0.238	0.248	0.355
穗批粒数 UCP	-0.397	-0.177	0.416	0.146	0.251	-0.266		-0.952**	0.108	-0.230	0.271	-0.279	0.397	0.183	-0.113	0.086
结实率 SSR	0.699**	0.410	0.117	0.292	-0.023	0.596**	-0.742*		0.031	0.289	-0.250	0.205	-0.329	0.051	0.196	0.167
穗实粒重 FGWP	0.737**	0.444*	0.065	0.445*	0.570**	0.904**	-0.293	0.728**		0.497*	0.303	-0.031	0.279	0.411	0.439	0.624**
千粒重 KGW	0.724**	0.202	0.390	0.333	0.097	0.489	-0.248	0.686**	0.811**		0.346	0.180	0.174	0.434	0.494*	0.682**
谷粒长 GL	0.086	0.032	0.386	0.156	0.244	0.268	0.269	0.133	0.448*	0.568**		0.023	0.796**	0.255	0.093	0.281
谷粒宽 GW	0.366	-0.240	-0.118	-0.463*	0.087	0.088	-0.051	0.205	0.238	0.374	0.334		-0.584**	-0.075	-0.017	-0.063
谷粒长宽比 GL/W	-0.163	0.222	0.466*	0.479*	0.188	0.211	0.306	0.109	0.274	0.282	0.734**	-0.392		0.273	0.085	0.283
生物产量 BY	0.551*	0.223	0.720**	0.460*	0.193	0.420	0.205	0.451*	0.645**	0.728**	0.673**	0.116	0.580**		-0.122	0.802**
收获指数 HI	0.536**	0.425	0.204	0.509*	0.181	0.565**	-0.342	0.679**	0.709**	0.701**	0.153	0.009	0.144	0.337		0.494*
经济产量 EY	0.680**	0.354	0.648**	0.558	0.192	0.559**	-0.028	0.666**	0.796**	0.856**	0.563**	0.078	0.499**	0.918**	0.676**	

注：左下和右上三角区域分别为干旱胁迫和正常水分条件下水稻性状的偏相关系数。

Note: Lower left triangle area and upper right triangle area is partial correlation under drought stress and normal water level, respectively.

附表 7 水稻主推品种区试产量性状绝对值及区试与干旱胁迫性状相对值的偏相关性

Attached table 7　Partial correlation of variety–regional–test yield traits' absolute value of main popularized rice varieties and relative value of characters under variety–regional–test to drought stress

指标 Index	株高 PH	有效穗 EP	穗长 PL	穗实粒数 FGP	结实率 SSR	千粒重 KGW	谷粒长 GL	谷粒宽 GW	谷粒长宽比 GL/W	产量抗旱系数 YDC	产量抗旱指数 YDI
株高 PH		0.404	0.335	0.120	0.248	0.160	-0.152	0.096	-0.220	0.411	0.362
有效穗 EP	-0.519*		0.621**	0.419	0.382	0.269	-0.077	0.057	-0.114	0.743**	0.730**
穗长 PL	0.421	-0.421		0.434	0.380	0.323	-0.005	0.033	-0.031	0.616**	0.612**
穗实粒数 FGP	0.390	-0.800**	0.445*		0.804**	0.715**	0.241	0.142	0.051	0.838**	0.830**
结实率 SSR	0.296	-0.079	-0.098	-0.232		0.683**	0.200	0.226	-0.028	0.746**	0.778**
千粒重 KGW	0.081	-0.164	0.225	-0.144	-0.051		0.323	0.045	0.173	0.759**	0.755**
谷粒长 GL	-0.559**	0.159	0.288	-0.033	-0.606**	0.308		0.110	0.685**	0.145	0.199
谷粒宽 GW	-0.425	0.095	-0.376	-0.134	0.138	0.072	0.146		-0.645**	0.055	0.055
谷粒长宽比 GL/W	-0.180	0.045	0.485*	0.080	-0.627**	0.229	0.753**	-0.536*		0.035	0.082
产量抗旱系数 YDC	0.754**	-0.478*	0.250	0.280	0.487*	0.374	-0.444*	-0.162	-0.256		0.987**

注：左下和右上三角区域分别为区试性状绝对值，区试与干旱胁迫性状相对值的偏相关系数。

Note: Lower left triangle area and upper right triangle area is partial correlation of variety–regional–test yield traits' absolute value and variety–regional–test to drought–stress characters' relative value, respectively.

附表 8 干旱胁迫与正常水分水稻相关性状相对值的偏相关

Attached table 8 Partial correlation of relative value of rice related traits under drought stress to normal water level

指标 Index	净光合速率 NPR	株高 PH	有效穗 EP	穗长 PL	穗总粒数 TCP	穗实粒数 FGP	穗批粒数 UGP	结实率 SSR	穗实粒重 FGWP	千粒重 KGW	谷粒长 GL	谷粒宽 GW	谷粒长宽比 GL/W	生物产量 BY	收获指数 HI	产量抗旱系数 YDC
净光合速率 NPR																
株高 PH	-0.092															
有效穗 EP	0.099	0.567 **														
穗长 PL	0.161	0.296	0.540 *													
穗总粒数 TCP	0.235	-0.008	-0.070	-0.067												
穗实粒数 FGP	0.586 **	0.137	0.155	0.267	0.665											
穗批粒数 UGP	-0.200	0.127	0.185	-0.241	0.574	-0.066										
结实率 SSR	0.524 *	0.165	0.277	0.439	-0.177	0.615 **	-0.685 **									
穗实粒重 FGWP	0.716 **	0.138	0.227	0.360	0.483 *	0.921 **	-0.222	0.711 **								
千粒重 KGW	0.705	0.105	0.246	0.366	0.124	0.590 **	-0.368	0.664 **	0.857 **							
谷粒长 GL	0.283	0.091	-0.041	-0.036	0.217	0.408	-0.214	0.288	0.456 *	0.397						
谷粒宽 GW	0.452 *	0.273	0.144	0.238	-0.020	0.190	-0.158	0.288	0.352	0.468 *	0.009					
谷粒长宽比 GL/W	-0.106	-0.143	-0.132	-0.174	0.143	0.151	-0.074	0.020	0.081	-0.032	0.720 **	-0.682 **				
生物产量 BY	0.489 *	0.383 *	0.754 **	0.432	0.333	0.660 **	0.059	0.518 *	0.744 **	0.655 **	0.331	0.251	0.064			
收获指数 HI	0.457 *	0.245	0.227	0.605 **	0.011	0.517 **	-0.357	0.694 **	0.634 **	0.640 **	0.046	0.325	-0.198	0.307		
产量抗旱系数 YDC	0.565 **	0.411	0.713 **	0.566 **	0.303	0.744 **	-0.060	0.665 **	0.841 **	0.750 **	0.306	0.301	0.009	0.954 **	0.574 **	
产量抗旱指数 YDI	0.625 **	0.337	0.625 **	0.527 *	0.266	0.780 **	-0.168	0.744 **	0.859 **	0.735 **	0.293	0.243	0.047	0.908 **	0.582 **	0.969 **

附表 9　干旱胁迫下水稻各性状的隶属函数值、隶属函数综合值（MFSVd）与抗旱性排序

Attached table 9　Membership function value, MFSVd and drought resistance rank of various rice characters under drought stress

品种代号 Variety code	净光合速率 NPR	株高 PH	有效穗 EP	穗长 PL	穗总粒数 TGP	穗实粒数 FGP	穗秕粒数 UGP	结实率 SSR	穗实粒重 FGWP	千粒重 KGW	谷粒长 GL	谷粒宽 GW	谷粒长宽比 GL/W	生物产量 BY	收获指数 HI	产量抗旱系数 YDC	隶属函数综合值 MFSVd	排序 Rank
CX9838	0.967	0.602	0.967	0.688	0.519	0.883	0.242	0.872	1.000	1.000	0.598	0.565	0.842	1.000	0.923	1.000	0.811	1
GY188	1.000	0.466	0.200	0.000	0.994	1.000	0.376	0.494	0.919	0.676	0.329	1.000	0.117	0.543	0.577	0.448	0.588	6
KY21	0.470	0.084	0.867	0.064	0.226	0.000	0.756	0.000	0.100	0.289	0.159	0.855	0.000	0.277	0.404	0.177	0.327	15
CX178	0.427	0.423	1.000	0.787	0.871	0.637	1.000	0.201	0.561	0.445	0.500	0.362	0.913	0.893	0.346	0.620	0.667	4
CXY425	0.134	0.035	0.933	0.255	0.515	0.353	0.797	0.189	0.551	0.852	1.000	0.961	1.000	0.810	0.404	0.585	0.603	5
GY198	0.258	0.419	0.167	0.326	0.547	0.596	0.248	0.468	0.382	0.156	0.268	0.623	0.327	0.346	0.058	0.115	0.302	17
XY027	0.318	0.359	0.600	0.227	0.164	0.092	0.461	0.205	0.046	0.016	0.085	0.604	0.088	0.242	0.077	0.052	0.225	19
FY6688	0.833	0.275	0.933	0.433	0.000	0.458	0.000	1.000	0.672	0.992	0.293	0.633	0.353	0.704	0.865	0.704	0.578	7
ⅡY3213	0.189	0.332	0.000	0.383	0.355	0.335	0.191	0.335	0.388	0.512	0.220	0.594	0.283	0.000	0.750	0.044	0.252	18
GX828	0.000	0.662	0.733	0.319	0.173	0.154	0.471	0.286	0.172	0.250	0.512	0.314	0.982	0.373	0.231	0.192	0.332	14
FDY2590	0.253	0.563	0.167	0.099	0.531	0.605	0.226	0.499	0.451	0.285	0.244	0.686	0.242	0.227	0.462	0.155	0.322	16
TLY540	0.545	0.456	0.267	0.674	0.958	0.949	0.413	0.471	0.825	0.590	0.341	0.459	0.579	0.453	0.750	0.437	0.560	8
YX305	0.172	0.611	0.633	0.809	0.624	0.575	0.559	0.362	0.465	0.352	0.256	0.338	0.569	0.308	0.962	0.378	0.474	10
YX2079	0.020	0.594	0.933	0.851	0.569	0.315	0.909	0.088	0.315	0.355	0.317	0.401	0.599	0.640	0.231	0.383	0.479	9
CX8108	0.013	0.555	0.567	0.411	0.691	0.668	0.517	0.407	0.482	0.262	0.402	0.319	0.810	0.400	0.654	0.357	0.452	11
DX4103	0.967	1.000	0.867	1.000	0.458	0.700	0.325	0.708	0.802	0.887	0.293	0.430	0.536	0.726	0.981	0.775	0.709	3
CNY498	0.227	0.535	0.033	0.759	1.000	0.831	0.415	0.303	0.572	0.250	0.268	0.406	0.523	0.261	0.385	0.158	0.392	13
CNY527	0.687	0.556	1.000	0.844	0.577	0.862	0.354	0.774	0.808	0.672	0.451	0.333	0.868	0.801	1.000	0.853	0.726	2
CX317	0.179	0.413	0.700	0.596	0.516	0.516	0.517	0.400	0.432	0.363	0.122	0.329	0.378	0.358	0.846	0.387	0.439	12
ⅡY615	0.063	0.000	0.533	0.092	0.105	0.024	0.429	0.170	0.000	0.000	0.000	0.000	0.510	0.198	0.000	0.000	0.148	20
权重 WC	0.085	0.028	0.071	0.028	0.050	0.063	0.115	0.041	0.090	0.046	0.041	0.030	0.040	0.095	0.053	0.124	—	—

附表 10　正常水分下水稻各性状的隶属值，隶属函数综合值（MFSVw）与抗旱性排序

Attached table 10　Membership function value, MFSVw and drought resistance rank of each rice character under normal water level

品种代号 Variety code	净光合速率 NPR	株高 PH	有效穗 EP	穗长 PL	穗总粒数 TGP	穗实粒数 FGP	穗秕粒数 UGP	结实率 SSR	穗实粒重 FGWP	千粒重 KGW	谷粒长 GL	谷粒宽 GW	谷粒长宽比 GL/W	生物产量 BY	收获指数 HI	产量抗旱系数 YDC	隶属函综合值 MFSVw	排序 Rank
CX9838	0.946	0.696	0.929	0.514	0.240	0.422	0.374	0.666	0.653	0.888	0.489	0.485	0.655	0.804	0.917	1.000	0.622	3
GY188	0.789	0.727	0.464	0.308	0.596	0.784	0.374	0.635	0.877	0.618	0.205	0.947	0.024	0.720	0.667	0.715	0.562	7
KY21	0.540	0.505	1.000	0.000	0.046	0.000	0.687	0.179	0.000	0.118	0.170	0.787	0.072	0.179	0.472	0.014	0.326	16
CX178	0.157	0.685	1.000	0.527	0.353	0.225	1.000	0.033	0.256	0.296	0.375	0.000	0.873	0.644	0.389	0.426	0.529	8
CXY425	0.050	0.000	0.536	0.290	0.307	0.251	0.628	0.175	0.422	0.678	1.000	1.000	0.920	0.278	0.556	0.172	0.472	11
GY198	0.452	0.856	0.607	0.775	0.137	0.424	0.054	0.912	0.291	0.000	0.227	0.521	0.294	0.403	0.250	0.087	0.321	17
XY027	0.352	0.520	0.679	0.201	0.055	0.223	0.220	0.664	0.226	0.250	0.341	0.349	0.557	0.563	0.000	0.061	0.306	18
FY6688	0.506	0.895	0.786	0.491	0.030	0.343	0.000	1.000	0.615	1.000	0.375	0.438	0.542	0.549	1.000	0.774	0.473	10
Ⅱ Y3213	0.268	0.653	0.357	0.402	0.351	0.367	0.463	0.321	0.438	0.467	0.216	0.379	0.369	0.000	0.750	0.000	0.356	15
GX828	0.000	0.669	0.714	0.586	0.115	0.245	0.319	0.573	0.331	0.474	0.523	0.101	0.999	0.572	0.250	0.252	0.395	13
FDY2590	0.249	0.886	0.429	0.604	0.180	0.412	0.107	0.783	0.546	0.658	0.216	0.799	0.117	0.236	0.722	0.238	0.361	14
TLY540	0.498	1.000	0.643	0.663	0.893	0.871	0.914	0.259	0.865	0.428	0.580	0.302	0.913	1.000	0.583	0.943	0.766	1
YX305	0.318	0.745	0.643	0.734	0.377	0.432	0.541	0.398	0.331	0.053	0.250	0.160	0.570	0.029	0.972	0.166	0.420	12
YX2079	0.226	0.696	0.679	1.000	0.500	0.381	0.891	0.066	0.613	0.855	0.534	0.331	0.829	0.766	0.472	0.612	0.625	2
CX8108	0.019	0.573	0.357	0.172	0.879	0.700	0.968	0.000	0.599	0.145	0.261	0.089	0.638	0.283	0.583	0.194	0.504	9
DX4103	1.000	0.862	0.786	0.781	0.205	0.387	0.304	0.675	0.649	0.967	0.261	0.361	0.443	0.681	0.861	0.821	0.563	6
CNY498	0.406	0.568	0.000	0.751	1.000	1.000	0.571	0.296	1.000	0.467	0.489	0.183	0.883	0.322	0.556	0.216	0.575	5
CNY527	0.897	0.726	0.893	0.533	0.259	0.394	0.448	0.569	0.568	0.737	0.534	0.118	1.000	0.607	0.972	0.821	0.605	4
CX317	0.199	0.540	0.536	0.420	0.053	0.245	0.140	0.717	0.333	0.493	0.307	0.260	0.573	0.064	0.750	0.069	0.299	20
Ⅱ Y615	0.510	0.614	0.857	0.207	0.000	0.075	0.399	0.458	0.161	0.421	0.000	0.521	0.000	0.523	0.167	0.146	0.301	19
权重 WC	0.063	0.036	0.058	0.036	0.080	0.065	0.180	0.038	0.074	0.035	0.058	0.041	0.068	0.059	0.041	0.069	—	—

附表 11 干旱胁迫与正常水分下水稻各性状相对值的隶属值、隶属函数综合值（MFSVd/w）与抗旱性排序

Attached table 11　Membership function value, MFSVd/w anddrought resistance rank of each rice character relative value under drought stress to normal water level

品种代号 Variety code	净光合速率 NPR	株高 PH	有效穗 EP	穗长 PL	穗总粒数 TGP	穗实粒数 FGP	穗批粒数 UGP	结实率 SSR	穗实粒重 FGWP	千粒重 KGW	谷粒长 GL	谷粒宽 GW	谷粒长宽比 GL/W	生物产量 BY	收获指数 HI	产量抗旱系数 YDC	隶属综合值 MFSVd/w	排序 Rank
CX9838	0.810	0.704	0.645	0.834	0.654	0.991	0.796	1.000	1.000	1.000	0.907	0.749	0.577	0.888	0.846	1.000	0.856	1
GY188	0.968	0.486	0.166	0.246	0.776	0.665	0.613	0.457	0.693	0.778	0.961	0.833	0.548	0.392	0.528	0.432	0.573	8
KY21	0.504	0.247	0.480	0.771	0.513	0.134	0.499	0.054	0.313	0.618	0.595	0.812	0.369	0.318	0.428	0.336	0.408	12
CX178	0.755	0.480	0.619	0.939	1.000	0.904	0.544	0.518	0.803	0.705	0.951	1.000	0.439	0.857	0.413	0.803	0.728	3
CXY425	0.415	0.904	1.000	0.600	0.537	0.395	0.392	0.370	0.615	0.966	0.676	0.740	0.468	1.000	0.342	0.901	0.666	5
GY198	0.290	0.270	0.011	0.069	0.886	0.545	0.312	0.204	0.491	0.515	0.740	0.787	0.464	0.298	0.024	0.206	0.347	17
XY027	0.442	0.611	0.460	0.690	0.391	0.000	0.259	0.000	0.025	0.132	0.000	0.939	0.000	0.092	0.332	0.114	0.229	19
FY6688	1.000	0.044	0.740	0.550	0.151	0.440	0.723	0.891	0.604	0.909	0.439	0.883	0.250	0.681	0.668	0.741	0.647	6
ⅡY3213	0.327	0.400	0.000	0.608	0.223	0.214	0.944	0.478	0.367	0.669	0.641	0.895	0.346	0.000	0.735	0.124	0.387	13
GX828	0.252	0.819	0.581	0.288	0.304	0.074	0.406	0.192	0.138	0.308	0.628	0.818	0.388	0.253	0.350	0.257	0.337	18
FDY2590	0.430	0.416	0.154	0.000	0.780	0.576	0.461	0.347	0.367	0.235	0.705	0.600	0.572	0.219	0.276	0.207	0.369	15
TLY540	0.633	0.155	0.101	0.617	0.317	0.494	1.000	0.754	0.589	0.805	0.112	0.798	0.135	0.170	0.918	0.330	0.496	11
YX305	0.267	0.652	0.531	0.685	0.588	0.502	0.568	0.453	0.577	0.762	0.650	0.787	0.417	0.450	0.851	0.583	0.554	9
YX2079	0.118	0.693	0.846	0.405	0.322	0.165	0.536	0.298	0.135	0.203	0.149	0.691	0.218	0.486	0.119	0.385	0.372	14
CX8108	0.256	0.808	0.739	0.979	0.000	0.308	0.938	0.902	0.366	0.559	1.000	0.838	0.566	0.433	0.750	0.535	0.590	7
DX4103	0.771	1.000	0.665	0.847	0.618	0.758	0.599	0.746	0.746	0.801	0.716	0.699	0.510	0.633	1.000	0.807	0.726	4
CNY498	0.281	0.787	0.393	0.604	0.238	0.205	0.765	0.448	0.199	0.312	0.130	0.853	0.113	0.223	0.308	0.221	0.362	16
CNY527	0.522	0.606	0.713	1.000	0.713	0.723	0.723	0.941	0.832	0.688	0.460	0.825	0.297	0.767	0.913	0.907	0.755	2
CX317	0.364	0.657	0.716	0.851	0.999	0.673	0.000	0.251	0.525	0.448	0.168	0.668	0.245	0.504	0.897	0.649	0.498	10
ⅡY615	0.000	0.000	0.237	0.504	0.386	0.072	0.572	0.103	0.000	0.000	0.613	0.000	1.000	0.053	0.000	0.000	0.200	20
权重 WC	0.044	0.058	0.124	0.044	0.089	0.045	0.033	0.027	0.045	0.110	0.041	0.128	0.044	0.058	0.124	0.044	—	—

附表12 水稻品种区试各性状的隶属值、隶属函数综合值（MFSVvrt）与抗旱性排序

Attached table 12 Membership function value, MFSVvrt and drought resistance rank of each rice varietie character under variety regional test

品种代号 Variety code	株高 PH	有效穗 EP	穗长 PL	穗实粒数 FGP	结实率 SSR	千粒重 KGW	谷粒长 GL	谷粒宽 GW	谷粒长宽比 GL/W	产量抗旱系数 YDC	隶属综合值 MFSVvrt	排序 Rank
CX9838	0.695	0.768	0.560	0.589	0.589	0.691	0.171	0.337	0.455	0.816	0.508	7
GY188	0.745	0.157	0.240	0.885	0.551	0.418	0.057	0.824	0.000	0.905	0.412	15
KY21	0.553	0.967	0.000	0.000	0.748	0.400	0.000	0.552	0.091	0.498	0.308	20
CX178	0.692	1.000	0.540	0.344	0.000	0.218	0.257	0.151	0.727	0.289	0.440	13
CXY425	0.000	0.934	0.440	0.283	0.103	0.509	1.000	1.000	0.909	0.000	0.632	1
GY198	0.862	0.422	0.880	0.649	1.000	0.000	0.114	0.360	0.364	0.551	0.459	12
XY027	0.494	0.663	0.340	0.440	0.869	0.091	0.114	0.243	0.455	0.712	0.398	17
FY6688	0.840	0.452	0.560	0.214	1.000	1.000	0.200	0.271	0.545	1.000	0.518	6
ⅡY3213	0.711	0.452	0.560	0.640	0.411	0.273	0.114	0.360	0.364	0.552	0.410	16
GX828	0.660	0.542	0.560	0.337	0.467	0.509	0.343	0.000	1.000	0.486	0.504	8
FDY2590	0.802	0.211	0.640	0.692	0.738	0.455	0.086	0.572	0.182	0.663	0.434	14
TLY540	1.000	0.241	0.780	0.890	0.252	0.382	0.371	0.221	0.818	0.915	0.586	3
YX305	0.764	0.584	0.780	0.605	0.626	0.091	0.171	0.121	0.636	0.690	0.475	11
YX2079	0.689	0.572	1.000	0.422	0.178	0.836	0.457	0.246	0.909	0.677	0.598	2
CX8108	0.484	0.482	0.220	0.701	0.028	0.127	0.229	0.109	0.727	0.184	0.379	18
DX4103	0.739	0.211	0.680	0.586	0.589	0.727	0.229	0.432	0.455	0.678	0.487	9
CNY498	0.629	0.000	0.880	1.000	0.290	0.527	0.371	0.127	0.909	0.554	0.554	4
CNY527	0.692	0.602	0.480	0.490	0.252	0.545	0.429	0.115	1.000	0.678	0.552	5
CX317	0.579	0.723	0.620	0.414	0.748	0.345	0.257	0.253	0.636	0.565	0.487	10
ⅡY615	0.588	0.753	0.160	0.211	0.813	0.200	0.000	0.552	0.091	0.483	0.317	19
权重WC	0.076	0.086	0.071	0.118	0.060	0.071	0.164	0.117	0.180	0.057	—	—

附表 13　干旱胁迫与水稻品种区试各性状相对值的隶属函数值、隶属函数综合值（MFSVd/vrt）与抗旱性排序

Attached table 13　Membership function value, MFSVvrt and drought resistance rank of each character relative value under drought stress to variety regional test

品种代号 Variety code	株高 PH	有效穗 EP	穗长 PL	穗实粒数 FGP	结实率 SSR	千粒重 KGW	谷粒长 GL	谷粒宽 GW	谷粒长宽比 GL/W	产量抗旱系数 YDC	隶属综合值 MFSVd/vrt	排序 Rank
CX9838	0.593	0.792	0.732	0.917	0.945	1.000	1.000	0.810	0.756	1.000	0.888	1
GY188	0.376	0.325	0.302	0.764	0.572	0.790	0.812	0.665	0.739	0.411	0.543	8
KY21	0.140	0.609	0.662	0.279	0.000	0.264	0.640	0.836	0.471	0.192	0.357	14
CX178	0.386	0.712	0.866	0.856	0.489	0.632	0.647	0.837	0.477	0.728	0.672	4
CXY425	0.801	0.683	0.379	0.515	0.434	0.955	0.098	0.454	0.351	0.763	0.594	6
GY198	0.196	0.177	0.015	0.485	0.376	0.388	0.570	0.841	0.416	0.117	0.307	16
XY027	0.548	0.498	0.456	0.000	0.163	0.104	0.253	0.977	0.095	0.028	0.237	19
FY6688	0.058	0.927	0.449	0.747	0.891	0.743	0.428	0.970	0.223	0.653	0.642	5
ⅡY3213	0.260	0.000	0.394	0.158	0.464	0.682	0.486	0.811	0.376	0.040	0.273	18
GX828	0.705	0.683	0.323	0.176	0.391	0.131	0.493	1.000	0.250	0.210	0.386	13
FDY2590	0.423	0.265	0.000	0.458	0.504	0.219	0.592	0.648	0.583	0.144	0.341	15
TLY540	0.097	0.356	0.480	0.699	0.675	0.700	0.180	0.850	0.125	0.398	0.441	10
YX305	0.521	0.566	0.623	0.498	0.408	0.604	0.426	0.852	0.303	0.377	0.479	9
YX2079	0.590	0.861	0.443	0.323	0.294	0.048	0.000	0.754	0.056	0.384	0.387	12
CX8108	0.802	0.549	0.814	0.528	0.706	0.440	0.549	0.847	0.396	0.450	0.558	7
DX4103	1.000	1.000	0.939	0.681	0.777	0.820	0.370	0.555	0.487	0.799	0.760	3
CNY498	0.594	0.215	0.467	0.464	0.480	0.118	0.069	0.921	0.000	0.163	0.289	17
CNY527	0.543	0.910	1.000	1.000	1.000	0.679	0.244	0.855	0.168	0.882	0.765	2
CX317	0.508	0.565	0.564	0.609	0.400	0.411	0.040	0.666	0.147	0.408	0.427	11
ⅡY615	0.000	0.397	0.503	0.103	0.148	0.000	0.346	0.000	1.000	0.000	0.215	20
权重 WC	0.063	0.130	0.049	0.096	0.091	0.077	0.071	0.060	0.092	0.274	—	—

附表14 干旱胁迫和正常水分下各主成分的特征向量及累计贡献率

Attached table14 Eigenvectors and accumulated contribution ratio of each principal component under drought stress and normal water level

处理 Treatment	主成分 PCF	净光合速率 NPR	株高 PH	有效穗 EP	穗长 PL	穗总粒数 TGP	穗实粒数 FGP	穗秕粒数 UGP	结实率 SSR	穗实粒重 FGWP	千粒重 KGW	谷粒长 GL	谷粒宽 GW	谷粒长宽比 GL/W	生物产量 BY	收获指数 HI	产量抗旱系数 YDC	特征值 Char-V	贡献率 CR
正常水分 Normal water	CI (1)	0.168	0.196	-0.096	0.280	0.306	0.353	0.117	-0.022	0.420	0.246	0.197	-0.117	0.238	0.282	0.217	0.375	4.646	29.04
	CI (2)	0.370	0.262	0.240	0.039	-0.326	-0.144	-0.379	0.428	-0.014	0.251	-0.188	0.154	-0.244	0.139	0.168	0.226	3.680	52.04
	CI (3)	0.014	-0.155	0.517	-0.028	-0.209	-0.354	0.228	-0.186	-0.229	0.158	0.316	-0.122	0.330	0.310	-0.098	0.212	2.258	66.15
	CI (4)	-0.044	-0.490	-0.210	-0.161	-0.073	-0.034	-0.185	0.084	0.140	0.365	0.446	0.470	0.069	-0.162	0.189	-0.019	1.696	76.75
	CI (5)	0.299	-0.089	0.121	-0.435	0.208	0.101	0.331	-0.289	0.085	-0.042	-0.176	0.418	-0.383	0.236	-0.093	0.159	1.460	85.88
干旱胁迫 Drought stress	CI (1)	0.275	0.193	0.146	0.226	0.143	0.291	-0.074	0.289	0.357	0.334	0.205	0.045	0.171	0.310	0.287	0.361	6.845	42.78
	CI (2)	-0.240	-0.071	0.402	0.167	-0.026	-0.189	0.472	-0.261	-0.139	-0.028	0.308	-0.163	0.417	0.260	-0.147	0.126	2.917	61.01
	CI (3)	-0.221	0.390	-0.255	0.379	0.400	0.275	0.072	-0.077	0.050	-0.260	-0.160	-0.428	0.155	-0.160	0.047	-0.115	2.154	74.47
	CI (4)	-0.019	-0.156	-0.287	-0.215	0.516	0.254	0.260	-0.259	0.174	0.012	0.308	0.463	-0.028	0.028	-0.179	-0.082	1.786	85.64
干旱胁迫与正常水分相对值 d/w	CI (1)	0.273	0.127	0.190	0.217	0.106	0.315	-0.104	0.307	0.364	0.334	0.152	0.172	-0.009	0.365	0.324	0.276	6.652	41.57
	CI (2)	0.069	-0.205	-0.228	-0.277	0.396	0.255	0.145	-0.093	0.164	0.007	0.404	-0.309	0.500	-0.001	0.055	-0.186	2.476	57.05
	CI (3)	-0.146	0.327	0.394	0.060	0.328	0.040	0.574	-0.295	-0.048	-0.158	-0.144	-0.026	-0.104	0.182	0.266	-0.156	2.198	70.79
	CI (4)	-0.314	0.259	0.337	0.214	-0.350	-0.151	-0.205	0.152	-0.135	-0.089	0.240	-0.385	0.451	0.106	0.129	-0.033	1.671	81.24

附表 15 干旱胁迫和水稻品种区试下各主成分的特征向量及累计贡献率

Attached table 15　Eigenvectors and accumulated contribution rate of each principal component under variety regional test and drought stress to variety regional test

处理 Treatment	主成分 PCF	株高 PH	有效穗 EP	穗长 PL	穗实粒数 FGP	结实率 SSR	千粒重 KGW	谷粒长 GL	谷粒宽 GW	谷粒长宽比 GL/W	产量抗旱系数 YDC	特征值 Char-V	贡献率 CR
品种区试 Variety regional test	CI (1)	0.489	-0.385	0.184	0.280	0.288	0.041	-0.368	-0.126	-0.216	0.467	3.295	32.95
	CI (2)	0.090	-0.239	0.453	0.304	-0.367	0.195	0.368	-0.262	0.510	0.012	2.765	60.60
	CI (3)	0.106	0.300	0.079	-0.559	0.238	0.592	0.058	-0.224	0.165	0.303	1.343	74.03
	CI (4)	-0.186	-0.282	-0.004	0.128	0.039	0.492	0.292	0.694	-0.191	0.149	1.298	87.01
干旱胁迫与区试相对值 d/vrt	CI (1)	0.204	0.338	0.327	0.424	0.410	0.382	0.104	0.080	0.006	0.475	4.171	41.71
	CI (2)	-0.295	-0.198	-0.121	0.103	0.033	0.204	0.518	-0.343	0.648	0.002	2.090	62.61
	CI (3)	-0.279	-0.344	-0.318	0.187	0.241	0.170	0.277	0.652	-0.263	-0.096	1.347	76.08
	CI (4)	0.429	0.197	0.219	-0.277	-0.201	-0.234	0.597	0.412	0.165	-0.068	0.806	84.14

附表 16 干旱胁迫下各品种主成分得分值与抗旱性综合评价值（PCASVd）

Attached table 16　Score value of principal components and PCASVd of rice varieties under drought stress

品种代号 Variety code	主成分得分值 Score value of principal components				主成分隶属值 Membership function value of principal components				主成分综合值 PCASVd	排序 Rank
	Y1	Y2	Y3	Y4	μ1	μ2	μ3	μ4		
CX9838	5.168	0.058	-1.015	-0.515	1.000	0.473	0.660	0.681	0.793	1
GY188	1.582	-2.793	-0.876	2.887	0.637	0.000	0.634	0.000	0.418	13
KY21	-3.319	0.233	-2.522	0.399	0.142	0.502	0.936	0.498	0.390	14

（续表）

品种代号 Variety code	主成分得分值 Score value of principal components				主成分隶属值 Membership function value of principal components				主成分综合值 PCASVd	排序 Rank
	Y1	Y2	Y3	Y4	μ1	μ2	μ3	μ4		
CX178	1.288	3.162	0.808	1.001	0.608	0.988	0.326	0.378	0.614	6
CXY425	0.895	3.235	-2.718	2.472	0.568	1.000	0.972	0.083	0.660	5
GY198	-1.774	-1.380	0.297	0.712	0.298	0.234	0.419	0.436	0.321	17
XY027	-3.751	-0.483	-0.920	-0.641	0.098	0.383	0.642	0.706	0.324	16
FY6688	2.411	-1.580	-2.872	-2.108	0.721	0.201	1.000	1.000	0.691	3
ⅡY3213	-1.962	-2.084	0.007	-0.105	0.279	0.118	0.472	0.599	0.317	20
GX828	-1.756	1.821	0.214	-1.051	0.300	0.765	0.434	0.788	0.484	8
FDY2590	-1.349	-2.136	0.111	0.597	0.341	0.109	0.453	0.459	0.325	15
TLY540	1.617	-0.998	1.427	1.132	0.641	0.298	0.212	0.351	0.463	10
YX305	0.135	0.247	1.662	-0.683	0.491	0.504	0.169	0.715	0.472	9
YX2079	-0.868	2.636	0.964	-0.074	0.390	0.901	0.297	0.593	0.510	7
CX8108	-0.173	0.667	1.421	0.146	0.460	0.574	0.213	0.549	0.457	12
DX4103	3.872	-0.617	0.567	-1.717	0.869	0.361	0.370	0.922	0.689	4
CNY498	-0.578	-0.914	2.585	1.263	0.419	0.312	0.000	0.325	0.318	18
CNY527	3.784	0.528	0.348	-1.110	0.860	0.551	0.410	0.800	0.716	2
CX317	-0.502	-0.136	0.744	-0.923	0.427	0.441	0.337	0.763	0.459	11
ⅡY615	-4.720	0.533	-0.233	-1.683	0.000	0.552	0.516	0.915	0.318	19
贡献率 CR	42.783	18.229	13.460	11.164	—	—	—	—	—	—
权重 WC	0.500	0.213	0.157	0.130	—	—	—	—	—	—

附表 17　正常水分下各品种主成分得分值与抗旱性综合评价值（PCASVw）

Attached table 17　Score value of principal components and PCASVw of rice varieties under normal water level

品种代号 Variety code	主成分得分值 Score value of principal components					主成分隶属值 Membership function value of principal components					主成分综合值 PCASVw	排序 Rank
	Y1	Y2	Y3	Y4	Y5	μ1	μ2	μ3	μ4	μ5		
CX9838	2.100	2.405	1.389	0.689	0.650	0.754	0.882	0.777	0.581	0.569	0.751	1
GY188	1.511	1.480	-2.088	0.743	2.657	0.682	0.747	0.087	0.572	1.000	0.622	6
KY21	-4.120	0.041	0.825	-0.225	2.196	0.000	0.538	0.665	0.726	0.901	0.439	14
CX178	-0.314	-1.786	2.514	-1.948	0.043	0.461	0.273	1.000	1.000	0.438	0.563	8
CXY425	-0.998	-2.552	1.690	4.339	0.246	0.378	0.161	0.837	0.000	0.482	0.360	20
GY198	-1.605	1.183	-1.469	-1.219	-1.037	0.305	0.704	0.210	0.884	0.206	0.457	12
XY027	-2.520	-0.004	0.548	-0.209	-0.175	0.194	0.532	0.610	0.723	0.391	0.439	13
FY6688	0.997	3.218	0.069	0.800	-1.035	0.620	1.000	0.515	0.563	0.206	0.654	5
ⅡY3213	-1.273	-0.866	-1.636	0.251	-0.303	0.345	0.406	0.177	0.650	0.364	0.374	19
GX828	-0.672	-0.647	1.393	-0.343	-1.996	0.418	0.438	0.778	0.745	0.000	0.478	10
FDY2590	-0.694	1.601	-2.191	0.657	-0.447	0.415	0.765	0.067	0.586	0.333	0.464	11
TLY540	4.131	-1.145	0.448	-1.305	1.034	1.000	0.366	0.590	0.898	0.651	0.713	3
YX305	-0.630	-0.791	-0.963	-1.152	-1.203	0.423	0.417	0.310	0.873	0.170	0.432	15
YX2079	2.121	-1.236	1.616	-0.280	-0.257	0.756	0.353	0.822	0.735	0.374	0.616	7
CX8108	0.194	-3.663	-1.176	-0.860	0.955	0.523	0.000	0.268	0.827	0.634	0.390	17
DX4103	1.910	2.884	0.277	-0.284	0.048	0.731	0.951	0.556	0.735	0.439	0.731	2
CNY498	2.868	-2.887	-2.528	0.532	-0.552	0.847	0.113	0.000	0.606	0.310	0.424	16
CNY527	1.973	1.314	1.645	0.071	-0.528	0.738	0.723	0.828	0.679	0.315	0.697	4
CX317	-1.826	0.264	-0.691	0.735	-1.698	0.278	0.571	0.364	0.573	0.064	0.384	18
ⅡY615	-3.153	1.188	0.330	-0.992	1.402	0.117	0.705	0.567	0.848	0.730	0.504	9
贡献率 CR	29.039	22.998	14.114	10.599	9.128	—	—	—	—	—	—	—
权重 WC	0.338	0.268	0.164	0.123	0.106	—	—	—	—	—	—	—

附表18 干旱胁迫与正常水分相对值的各品种主成分得分值与抗旱性综合评价值（PCASVd/w）

Attached table 18 Score value of principal components and PCASVd/w of relative value of rice varieties under drought stress to normal water level

品种代号 Variety code	主成分得分值 Score value of principal components				主成分隶属值 Membership function value of principal components				主成分综合值 PCASVd/w	排序 Rank
	Y1	Y2	Y3	Y4	μ1	μ2	μ3	μ4		
CX9838	4.646	1.081	-0.502	0.823	1.000	0.323	0.400	0.560	0.713	1
GY188	0.921	2.234	-1.073	-1.373	0.620	0.102	0.304	0.084	0.399	16
KY21	-1.241	-0.135	0.068	-0.470	0.399	0.555	0.497	0.280	0.430	14
CX178	3.026	1.266	1.015	-0.800	0.835	0.287	0.658	0.208	0.620	6
CXY425	1.883	0.008	2.187	1.278	0.718	0.528	0.856	0.658	0.698	3
GY198	-2.077	2.481	0.231	-1.763	0.314	0.055	0.525	0.000	0.260	19
XY027	-3.244	-2.462	1.384	-1.469	0.195	1.000	0.720	0.064	0.420	15
FY6688	2.159	-1.002	-1.451	-0.577	0.746	0.721	0.240	0.257	0.593	7
ⅡY3213	-1.233	-0.838	-2.720	-0.248	0.400	0.689	0.024	0.328	0.382	17
GX828	-2.381	-0.552	0.825	0.560	0.283	0.635	0.625	0.503	0.436	13
FDY2590	-2.079	2.339	-0.156	-0.665	0.314	0.082	0.459	0.238	0.284	18
TLY540	0.195	-1.462	-2.863	-1.587	0.546	0.809	0.000	0.038	0.438	12
YX305	0.857	-0.056	0.184	0.277	0.614	0.540	0.517	0.441	0.561	9
YX2079	-2.236	-1.531	1.556	0.851	0.298	0.822	0.749	0.566	0.509	10
CX8108	0.970	-1.396	-1.302	2.857	0.625	0.796	0.265	1.000	0.645	5
DX4103	3.028	0.191	0.324	0.827	0.835	0.493	0.541	0.560	0.685	4
CNY498	-1.981	-2.274	-0.266	-0.119	0.324	0.964	0.440	0.356	0.470	11
CNY527	3.475	-0.494	0.274	-0.012	0.881	0.624	0.532	0.379	0.708	2
CX317	0.467	-0.166	3.034	-1.041	0.574	0.561	1.000	0.156	0.590	8
ⅡY615	-5.157	2.767	-0.749	2.650	0.000	0.000	0.359	0.955	0.183	20
贡献率 CR	41.575	15.475	13.740	10.447	—	—	—	—	—	—
权重 WC	0.512	0.190	0.169	0.129	—	—	—	—	—	—

附表 19　区试下各品种主成分得分值与抗旱性综合评价值（PCASVvrt）

Attached table 19　Score value of principal components and PCASVvrt of rice varieties under variety regional test

品种代号 Variety code	主成分得分值 Score value of principal components				主成分隶属值 Membership function value of principal components				主成分综合值 PCASVvrt	排序 Rank
	Y1	Y2	Y3	Y4	μ1	μ2	μ3	μ4		
CX9838	0.600	-0.240	1.003	0.352	0.820	0.517	0.603	0.515	0.645	7
GY188	2.010	-1.498	-1.623	2.126	1.000	0.325	0.061	0.923	0.629	9
KY21	-1.138	-3.632	0.949	-0.246	0.598	0.000	0.592	0.378	0.374	20
CX178	-1.871	0.337	-0.041	-1.888	0.505	0.605	0.387	0.000	0.443	16
CXY425	-5.826	0.528	-0.498	2.462	0.000	0.634	0.293	1.000	0.396	19
GY198	1.671	-0.541	-0.994	-0.712	0.957	0.471	0.191	0.270	0.582	12
XY027	0.026	-1.601	-0.168	-0.859	0.747	0.310	0.361	0.237	0.472	15
FY6688	1.685	-0.326	2.926	0.866	0.958	0.504	1.000	0.633	0.772	1
ⅡY3213	0.525	-0.310	-0.953	-0.165	0.810	0.506	0.199	0.396	0.558	13
GX828	-0.723	1.132	1.003	-1.076	0.651	0.726	0.603	0.187	0.598	10
FDY2590	1.785	-0.706	-0.784	1.232	0.971	0.446	0.234	0.717	0.653	6
TLY540	1.853	2.263	-0.518	0.027	0.980	0.898	0.289	0.440	0.767	2
YX305	0.871	0.359	-0.331	-1.379	0.855	0.608	0.327	0.117	0.585	11
YX2079	-0.388	2.363	1.512	0.494	0.694	0.913	0.708	0.548	0.744	3
CX8108	-1.643	0.404	-1.917	-1.256	0.534	0.615	0.000	0.145	0.419	17
DX4103	1.178	0.525	0.351	1.068	0.894	0.633	0.468	0.679	0.713	5
CNY498	0.833	2.932	-1.122	0.323	0.850	1.000	0.164	0.508	0.741	4
CNY527	-0.643	1.439	0.791	-0.469	0.661	0.773	0.559	0.326	0.631	8
CX317	-0.393	-0.300	0.512	-0.567	0.693	0.508	0.501	0.304	0.547	14
ⅡY615	-0.412	-3.127	-0.098	-0.333	0.691	0.077	0.375	0.357	0.397	18
贡献率 CR	32.954	27.647	13.430	12.976	—	—	—	—	—	—
权重 WC	0.379	0.318	0.154	0.149	—	—	—	—	—	—

附表 20 干旱胁迫与区试相对值的各品种主成分得分值与抗旱性综合评价值（PCASVd/vrt）

Attached table 20 Score value of principal components and PCASVd/vrt of relative value of rice varieties under drought stress to variety regional test

| 品种代号 Variety code | 主成分得分值 Score value of principal components | | | | 主成分隶属值 Membership function value of principal components | | | | 主成分综合值 PCASVd/vrt | 排序 Rank |
	Y1	Y2	Y3	Y4	μ1	μ2	μ3	μ4		
CX9838	3.753	2.159	0.444	0.973	1.000	0.891	0.255	0.188	0.758	1
GY188	0.382	2.492	0.798	-0.035	0.518	0.958	0.177	0.491	0.523	5
KY21	-1.624	0.525	-0.215	1.199	0.231	0.565	0.401	0.120	0.319	13
CX178	1.858	0.632	0.026	0.516	0.729	0.586	0.347	0.325	0.563	4
CXY425	1.027	-0.311	-1.453	-1.125	0.610	0.398	0.673	0.819	0.509	6
GY198	-1.999	0.986	1.603	-0.296	0.178	0.657	0.000	0.570	0.251	17
XY027	-2.435	-1.845	0.058	1.054	0.115	0.091	0.340	0.164	0.134	20
FY6688	1.791	-0.158	1.379	-0.868	0.719	0.428	0.049	0.741	0.471	7
ⅡY3213	-1.876	0.733	1.218	-0.226	0.195	0.606	0.085	0.549	0.261	15
GX828	-1.213	-1.156	0.266	1.599	0.290	0.229	0.295	0.000	0.248	18
FDY2590	-1.802	1.334	0.572	-0.031	0.206	0.727	0.227	0.490	0.319	14
TLY540	0.161	-0.430	1.338	-1.728	0.486	0.374	0.058	1.000	0.343	12
YX305	0.146	-0.354	0.129	0.363	0.484	0.389	0.325	0.371	0.389	10
YX2079	-0.974	-2.300	-1.098	-0.087	0.324	0.000	0.595	0.507	0.256	16
CX8108	1.040	-0.308	-0.168	1.129	0.612	0.398	0.390	0.141	0.465	8
DX4103	3.073	-0.270	-1.944	0.427	0.903	0.406	0.782	0.352	0.673	2
CNY498	-1.408	-1.990	0.656	-0.384	0.262	0.062	0.209	0.596	0.179	19
CNY527	3.530	-1.181	-0.061	-0.656	0.968	0.224	0.367	0.678	0.594	3
CX317	-0.186	-1.259	-0.614	-0.979	0.437	0.208	0.489	0.775	0.346	11
ⅡY615	-3.241	2.702	-2.935	-0.846	0.000	1.000	1.000	0.735	0.408	9
贡献率 CR	41.709	20.897	13.473	8.058	—	—	—	—	—	—
权重 WC	0.496	0.248	0.160	0.096	—	—	—	—	—	—